Peter Ottmann

Abbildung demographischer Prozesse in Verkehrsentstehungsmodellen mit Hilfe von Längsschnittdaten

Schriftenreihe des Instituts für Verkehrswesen
Band 69

Herausgeber: Prof. Dr.-Ing. Peter Vortisch

Eine Übersicht über alle bisher in dieser Schriftenreihe erschienenen Bände finden Sie am Ende des Buchs.

Abbildung demographischer Prozesse in Verkehrsentstehungsmodellen mit Hilfe von Längsschnittdaten

von
Peter Ottmann

KIT Scientific Publishing

Dissertation, Karlsruher Institut für Technologie
Fakultät für Bau-, Geo- und Umweltwissenschaften
Tag der mündlichen Prüfung: 27. Januar 2010
Hauptreferent: Prof. Dr.-Ing. D. Zumkeller
Korreferent: Prof. Dr.-Ing. C. Holz-Rau

Impressum

Karlsruher Institut für Technologie (KIT)
KIT Scientific Publishing
Straße am Forum 2
D-76131 Karlsruhe
www.ksp.kit.edu

KIT – Universität des Landes Baden-Württemberg und nationales
Forschungszentrum in der Helmholtz-Gemeinschaft

KIT Scientific Publishing 2010
Print on Demand

ISSN: 0341-5503
ISBN: 978-3-86644-555-0

Abbildung demographischer Prozesse in Verkehrsentstehungsmodellen mit Hilfe von Längsschnittdaten

Zur Erlangung des akademischen Grades eines

DOKTOR-INGENIEURS

bei der Fakultät für

Bauingenieur-, Geo- und Umweltwissenschaften
der Universität Fridericiana zu Karlsruhe (TH)

genehmigte

DISSERTATION

von

Dipl. Wi.-Ing. Peter Ottmann

aus Herrenberg

Tag der mündlichen Prüfung: 27. Januar 2010

Hauptreferent: Prof. Dr.-Ing. D. Zumkeller

Korreferent: Prof. Dr.-Ing. C. Holz-Rau

Karlsruhe 2010

Kurzfassung

Abbildung demographischer Prozesse in Verkehrsentstehungsmodellen mit Hilfe von Längsschnittdaten

131 Seiten, 43 Abbildungen, 31 Tabellen

Ein effizienter Infrastrukturbau und –erhalt sowie eine nachhaltige Verkehrspolitik benötigen Vorstellungen, wie die Verkehrsnachfrage in den kommenden Jahrzehnten aussehen wird. Eine wichtige Determinante zukünftiger Nachfrage stellt der demographische Wandel dar. Bisherige Vorhersagemodelle berücksichtigen zwar zumeist die Verschiebung der Bevölkerungsstruktur, jedoch selten Verhaltensänderungen von Individuen und Kohorten. Dabei kann gezeigt werden, dass Alterseffekte alleine die Veränderung der Nachfrage in der Vergangenheit nicht hinreichend erklären.

Zum Verständnis von Verhaltensänderungen sind spezifische Datenquellen nötig – dieses Problem wird in der vorliegenden Arbeit diskutiert. Anschließend wird untersucht, in welchen Altersklassen und Nachfragebereichen in der Vergangenheit Wachstumsprozesse stattgefunden haben, und wo Stagnation oder gar Rückgang zu beobachten waren. Diese Auswertungen liefern zusätzlich Anhaltspunkte, in welchen Lebenssituationen bei Individuen Veränderungen in der Verkehrsnachfrage eintreten. Diese Lebenssituationen werden anschließend deskriptiv und induktiv untersucht. Aus demographischen Gründen gilt dabei dem Renteneintritt besonderes Augenmerk. Zum besseren Verständnis der Prozesse vor und nach Renteneintritt werden dafür Personen in höheren Altersklassen nach Verhalten geclustert. Die Ergebnisse zeigen, dass die Verwendung von Mobilitätsbiographien zu hohen Anforderungen an die Modelllogik und die zugrundeliegenden Daten führt.

Daher wird mit Alters- Kohortenmodellen ein pragmatischer Ansatz vorgeschlagen, bei welchem mit Hilfe eines Regressionsmodells Alters- und Kohorteneffekte analytisch getrennt werden. Mit Hilfe dieser Modelle können auf Basis von Pseudo-Panel-Daten makroskopische Kenngrößen wie die Verkehrsleistung, Wegehäufigkeiten und die Pkw-Verfügbarkeit in die Zukunft extrapoliert werden.

Die Modellergebnisse können jedoch auch als Input für mikroskopische Simulationsmodelle verwendet werden. Beispielhaft wird dazu die Verkehrsentstehung in einer städtischen Wachstumsregion und einer ländlichen Schrumpfungsregion simuliert. Kern ist dabei eine Heuristik, mit deren Hilfe individuelle Wegeketten unter verschiedenen Nebenbedingungen gezogen werden können. Die Ergebnisse belegen, dass Kohorteneffekte einen erheblichen Erklärungsgehalt für den Verlauf der Ganglinien beitragen und daher in Vorhersagemodelle integriert werden sollten

Abstract

Integration of demographic processes into trip generation modelling based on longitudinal data

131 pages, 43 figures, 31 tables

A sustainable transport policy conjoint with an efficient infrastructure requires sound understanding of future travel demand. One important factor in this respect is the shift in population distribution. State of the art transport models account for changes in a population's age distribution, yet rarely consider changes in behaviour of individuals and cohorts. It can be shown that this deficit leads to distortions in demand forecasts.

To understand changing behaviour, specific data is required. Based on panels and pseudo-panels, changes in different age classes and different segments of travel demand can be analysed, allowing for subsequent identification of growth or stagnation drivers. Moreover, different age groups and life stages can be identified with regard to changes in travel behaviour. These stages can be subjected to further examination.

In an ageing society, special consideration is given to the time immediately before and after retirement. Based on a cluster analysis different types of retirees can be distinguished. Associated results show that forecasting travel behaviour with mobility biographies requires complex models as well as detailed panel data.

Consequently, age-cohort models were employed in this study owing to their comparably pragmatic nature. With regression analysis, age and cohort effects can be segregated and results can be used for extrapolation of macro figures such as total mileage. Furthermore, they may also serve as input data for micro-simulation models.

In this study, a heuristic algorithm allowing depicting activity patterns subject to macroscopic constraints was developed. This methodology is demonstrated through the trip generation of two discrete spatial types: An urban growth area is compared to a rural area with decreasing population. The resulting time variation curves show that cohort effects have a significant impact on future travel demand and should thus be incorporated in transport models.

Einige Worte des Danks

Während ich ansonsten versucht habe, dem Leser Wiederholungen zu ersparen, häuft sich im Folgenden unvermeidlich das Wort Dank: Dieser gilt zuerst meinem Doktorvater Herrn Professor Zumkeller, für seine engagierte Betreuung ebenso wie für alles, was ich in rund sechs Jahren als Mitarbeiter am Institut für Verkehrswesen von ihm lernen durfte. Ebenfalls bedanke ich mich bei Herrn Professor Holz-Rau für die Übernahme des Korreferats, seine Anregungen waren stets konstruktiv und hilfreich.

Am Institut für Verkehrswesen habe ich hervorragende Arbeitsbedingungen vorgefunden und in den verschiedensten Phasen wertvolle Unterstützung von meinen Kollegen erfahren. Wichtige Anregungen habe ich außerdem von unserem französischen Kooperationspartner INRETS bekommen, sowie von weiteren Kolleginnen und Kollegen aus dem In- und Ausland. Nicht alle kann ich hier aufführen, besonders danken möchte ich gleichwohl Sigrid Biegel, Dr. Bastian Chlond, Dr. Olaf Eberhard, Dr. Tobias Kuhnimhof, Dr. Wilko Manz, Rainer Mück, Dr. Dirk Wittowsky und Professor Zoran Krakutovski.

Von außerhalb der wissenschaftlichen Wagenburg betrachtet wirken wir Doktoranden häufig ein wenig introvertiert, gestresst oder auch weltfremd. Es ist das Verdienst meiner Familie und Freunde, dass sie diese Eigenschaften toleriert, mich mit den wichtigen Dingen des Lebens in Verbindung gehalten und mich in verschiedenster Form unterstützt haben. Auch hier umfasst meine Dankbarkeit mehr Namen, als ich dem Leser im Fließtext zumuten kann, stellvertretend erwähnen möchte ich zumindest Christiane Stork und Robert Link.

Karlsruhe, im August 2010

Peter Ottmann

Inhalt

1 Einleitung

Eine leistungsfähige Verkehrsinfrastruktur wird meist als Voraussetzung angesehen für eine prosperierende Wirtschaft in einem globalisierenden Umfeld und für die persönlichen Freiheiten der Bürger. Gleichzeitig verursachen Infrastrukturmaßnahmen häufig externe Kosten, über deren Beurteilung und Quantifizierung Wissenschaft, Interessengruppen und Politik gerne streiten. Die unmittelbaren Investitionskosten sind meist einfacher zu berechnen, jedoch deshalb mitnichten gering: 18,4 Milliarden Euro haben in Deutschland im Jahr 2006 die Brutto-Anlageinvestitionen in die Verkehrsinfrastruktur ohne Grundstückserwerb betragen, das sind immerhin knapp 5 % der Brutto-Anlageinvestitionen der gesamten Volkswirtschaft (DIW 2007).

Ein Großteil dieses Geldes fließt in langlebige Anlagen wie Straßen, Bahnstrecken und Brücken, die noch in Jahrzehnten für Wirtschaft und Bevölkerung Nutzen stiften sollen und gleichzeitig Folgekosten verursachen werden. Gerade diese Folgekosten werden gerne unterschätzt, belasten aber häufig die Kassen der öffentlichen Hand erheblich. Vereinzelt entscheiden sich Gebietskörperschaften in Zeiten knapper Kassen daher sogar für Rückbau oder Abriss von Anlagen, die im Optimismus besserer Tage dimensioniert wurden. In Zeiten hoher Defizite der öffentlichen Haushalte wird ein derartiger kurzfristiger Aktionismus jedoch schnell unbezahlbar.

Auch aus anderen Gründen benötigen Verkehrsplaner einen möglichst langen Planungshorizont. Da Wohn- und Standortentscheidungen meist nur schwer reversibel sind, treten Anpassungen an veränderte Rahmenbedingungen und an finanzielle Sanktionen oder Anreize häufig nur langsam auf. Darüber hinaus bestehen gelegentlich auch aus technischen Gründen Latenzzeiten zwischen Maßnahme und angestrebtem Ziel, so kann beispielsweise die positive Wirkung reduzierten CO2-Ausstoßes auf den Treibhauseffekt einige Jahre auf sich warten lassen.

Ein langer Planungshorizont wiederum setzt möglichst präzise Vorhersagen zukünftiger Verkehrsnachfrage voraus. Es gibt verschiedene Prozesse, welche kurz- und langfristig diese Nachfrage beeinflussen werden. Zu nennen sind hier etwa die Entwicklung des Arbeitsmarkts, des Wohlstandes, der Rohstoffmärkte und mittelbar der Staatsverschuldung. Diese Größen sind schwer vorherzusagen und ferner aus der Sicht des Verkehrsingenieurs exogen. Die zentrale Herausforderung unserer Gesellschaft ist jedoch wahrscheinlich ein Prozess, der recht gut vorhersehbar ist und im Sinne der Verkehrsplanung zumindest endogene Elemente enthält: Der demographische Wandel.

Dessen Bedeutung für Infrastrukturbau und Verkehrspolitik ist mittlerweile unstrittig, langfristige Prognosen der Verkehrsnachfrage müssen ihn daher berücksichtigen. An dieser Stelle besteht jedoch noch erheblicher Forschungsbedarf: Oft sagen Verkehrsplanungsmodelle die Zukunft voraus, indem sie lediglich eine zukünftige Verteilung der Bevölkerung von den Demographen übernehmen und dieser heutiges Verhalten unterstellen. Dabei wird vernachlässigt, dass sich Verhalten auch innerhalb einer Bevölkerungsgruppe ändern kann.

Die vorliegende Arbeit beschäftigt sich mit den Fragen, wie sich die Verkehrsnachfrage in der Vergangenheit auf verschiedene Segmente der Bevölkerung verteilt hat, welche Verhaltensänderungen stattgefunden haben, wie sich die Nachfrage voraussichtlich mit der Verschiebung der Bevölkerung weiterentwickeln wird und wie diese Prozesse in die Modellierung zukünftiger Nachfrage integriert werden können. Zentrale Voraussetzung für derartiges Prozessverständnis sind Datenquellen mit Längsschnittcharakter – daher wird auch auf diesen Aspekt hier eingegangen.

Die Untersuchungen konzentrieren sich auf die Alltagsmobilität. Zwei weitere wichtige Segmente zukünftiger Infrastrukturbelastung bilden der Fern- und Güterverkehr. Der Fernverkehr wird hier aufgrund der verfügbaren Daten nur oberflächlich behandelt, der Güterverkehr überhaupt nicht, da im Gegensatz zum Personenverkehr Entscheidungen meist unternehmerisch getroffen werden und somit individuelle Verhaltensänderungen nur mittelbar eine Rolle spielen. Ebenso nicht Bestandteil der Arbeit ist die Frage, wie Infrastruktur in einer alternden Gesellschaft jenseits ihrer Dimensionierung gestaltet werden muss, also wie beispielsweise die Belange einer wachsenden Zahl alter und mobilitätseingeschränkter Bürgerinnen und Bürger berücksichtigt werden können.

Das folgende Kapitel 2 beschäftigt sich mit der bereits skizzierten Ausgangslage: Wie beeinflusst der demographische Wandel die Modellierung zukünftiger Verkehrsnachfrage, und weshalb reicht es nicht, diesen Wandel ohne Berücksichtigung gleichzeitig erfolgender Verhaltensänderungen zu modellieren? Welche Anforderungen stellen derartige Auswertungen an die Datenquellen, und welche Datenquellen erfüllen diese Voraussetzungen? In Kapitel 3 soll mit deskriptiven Verfahren untersucht werden, in welchen Altersklassen in den letzten Jahren Wachstum, Stagnation oder gar Rückgang der Nachfrage stattgefunden haben. Gleichzeitig werden zentrale Phasen im Lebenslauf identifiziert, in denen gravierende Veränderungen der Nachfrage einzutreten scheinen. Diese Lebensphasen werden anschließend in Kapitel 4 näher beleuchtet. Ein Schwerpunkt liegt dabei auf der Frage, wie sich Änderungsprozesse zwischen Lebenssituationen darstellen und wie derartige Erkenntnisse in die Nachfragemodellierung integriert werden können.

Kapitel 5 stellt Alters- Kohortenmodelle vor, einen pragmatischen Ansatz, um Veränderungsprozesse mit überschaubarem Aufwand zu quantifizieren und in die Zukunft zu extrapolieren. In Kapitel 6 kommen die vorgestellten Modelle zur Anwendung, um die Verkehrsentstehung in zwei unterschiedlichen Raumtypen im Jahr 2025 vorherzusagen. Kapitel 7 schließt mit einem Fazit und Ausblick.

2 Ausgangslage

In diesem Kapitel folgt nach einer Definition zentraler Begriffe eine Motivation der vorliegenden Arbeit: Wie beeinflusst der demographische Wandel die zukünftige Verkehrsplanung? Und weshalb reicht es nicht, lediglich die Alterseffekte dieses Wandels in zukünftige Prognosen zu integrieren?

2.1 Begriffsbestimmung

Gerade in der Datenerhebung, aber auch in der Modellierung besteht im Verkehrswesen häufig keine einheitliche Terminologie. Die folgenden Begriffe sind soweit möglich an andere Quellen angelehnt und werden innerhalb dieser Arbeit konsistent verwendet:

Vorhersage und das griechische Pendant **Prognose** werden im Folgenden als Synonyme betrachtet, ebenso die Begriffe **Verkehr** und **Mobilität.** Für die vorliegende Fragestellung von Bedeutung ist lediglich die realisierte Nachfrage in den Netzen – eine Differenzierung von Verkehr und Mobilität ist somit nicht erforderlich. Zu einer Diskussion der Unterschiede siehe beispielsweise Gather et al. (2008) oder Topp (1994).

Alter bezieht sich in dieser Arbeit auf Lebensalter, **Kohorten** beziehen sich auf Personen, deren Geburtsjahr in dieselbe Klasse fällt. Eine ausführliche Abgrenzung dieser Begriffe befindet sich in Abschnitt 5.1.

Abhängig vom Zeithorizont ergeben sich verschiedene Formen der Datenerhebung. Die Benennung ist in der Literatur nicht eindeutig, die Terminologie hier entspricht den Definitionen von Zumkeller und Ottmann (2009): Eine **Querschnitterhebung** ist danach die Momentaufnahme einer unabhängigen Stichprobe zu einem Zeitpunkt, der Begriff „**Längsschnitt**“ wird hier für einen Datensatz mit mehreren Beobachtungszeitpunkten oder einem längeren Beobachtungszeitraum verwendet. Ein Spezialfall hiervon ist das **Panel**, bei welchem dieselbe Stichprobe zu mindestens zwei Zeitpunkten beobachtet wird. Ähnlich verhält sich ein **Pseudo-Panel**, hier muss jedoch nicht dieselbe Stichprobe mehrfach beobachtet werden, es reichen vergleichbare Personengruppen.

Unter dem Namen **KONTIV** haben in Westdeutschland drei große Verkehrserhebungen stattgefunden, im wiedervereinigten Deutschland firmierte die vierte Erhebung dieser Art dann unter dem Namen **MiD** – um Redundanzen zu vermeiden, beinhalte der Plural KONTIVs alle vier Erhebungen, auch die MiD. Diese Erhebungen werden in Kapitel 2.5.1 genauer vorgestellt. Für das Deutsche **Mobilitätspanel**, vorgestellt in

Kapitel 2.5.2, wird synonym auch dessen Akronym **MOP** sowie die Kurzform **Mobilitätspanel** verwendet.

Laut Arnold und Furmans (2007) bestehe eine Hauptaufgabe des Ingenieurs darin, die komplexe Realität zu vereinfachen und zu abstrahieren – dieser Vorgang werde auch als **Modellbildung** bezeichnet. Führe man Experimente nicht am Original durch, sondern an einem Modell, so spreche man von **Simulation**. Simulation könne sowohl **deterministisch** als auch **stochastisch** erfolgen. Bei dem in Kapitel 6 vorgestellten Modell finden zufällige Sortierungen und Ziehungen der Datensätze statt, es handelt sich daher um ein stochastisches Modell.

Zu unterscheiden sind die Begriffe **Verifikation** und **Validierung**. Nach Arnold und Furmans (2007) bezeichne Verifikation in einem Simulationsmodell die Überprüfung, ob die Programmlogik korrekt umgesetzt wurde, während bei der Validierung geprüft werde, ob das Simulationsmodell die zu simulierende Realität hinreichend genau abbildet. Eine Verifikation des in Kapitel 6 vorgestellten Algorithmus hat innerhalb des verwendeten Softwarepakets stattgefunden, aus Gründen der Übersichtlichkeit ist im Text ausschließlich die Validierung dokumentiert.

In der vorliegenden Arbeit sind **Aktivitätenketten** definiert als die Folge aller Aktivitäten im Laufe eines Tages, die mit Mobilität außer Haus verbunden sind. Diese Definition unterscheidet sich von einigen Autoren, bei denen eine Aktivitätenkette bereits mit einem Nachhauseweg endet, auch wenn im Laufe des Tages weitere Ausgänge stattfinden. **Servicewege** sind hier definiert als Wege, deren Zweck in der Begleitung einer anderen Person liegt.

Der Begriff **Führerschein** bezeichnet im Folgenden die Fahrerlaubnis zum Lenken eines Pkw, also aktuell die EU-Klasse B, in Erhebungen bis 1998 die Klasse 3 sowie alle höheren Klassen, welche diese Klassen einschließen. **Pkw-Verfügbarkeit** wird auf Personenebene definiert als Koinzidenz von Pkw-Führerschein auf Personenebene sowie mindestens einem Pkw im Haushalt. Die Pkw-Verfügbarkeit garantiert somit keinen exklusiven Zugriff auf ein Fahrzeug. Im Einzelfall kann sogar keinerlei Zugriff auf ein Fahrzeug vorliegen, falls der Pkw von anderen Haushaltsmitgliedern exklusiv genutzt wird. Diese Definition hat den Vorteil, dass sie ausschließlich auf Erhebungsfragen stützt, die unabhängig von der Methodik einfach beantwortet werden können – sie gewährt damit Konsistenz über verschiedene Erhebungen mit unterschiedlicher Methodik. Wie weit diese Definition der Pkw-Verfügbarkeit abweicht von der tatsächlichen Nutzung eines Pkw, wird in Kapitel 3.3 diskutiert.

In demographischen Studien wurde in der Vergangenheit häufig von der Bevölkerungspyramide gesprochen, da zukünftige Projektionen jedoch keine Pyramidenform mehr aufweisen, wird hier der neutralere Begriff **Bevölkerungsverteilung** verwendet. Diese ist Thema des folgenden Abschnitts.

2.2 Der demographische Wandel

Es gehört mittlerweile zu den Truismen der öffentlichen und wissenschaftlichen Debatten, dass der demographische Wandel zu den zentralen Determinanten der Zukunft Deutschlands zählt. Verschiebt sich die Zusammensetzung der Gesellschaft nach Alter und Geschlecht und ändert sich ferner die Gesamtzahl der Bevölkerung, so hat dies offensichtlichen Einfluss auf verschiedenste Bereiche der Gesellschaft und Wirtschaft. Seit einigen Jahren werden die Auswirkungen des demographischen Wandels auf die sozialen Sicherungssysteme und den Arbeitsmarkt diskutiert, siehe etwa Kröhnert et al. (2005) und Sinn (2003). Mit der Bedeutung des Wandels auf verschiedene Aspekte der Raumplanung beschäftigen sich beispielsweise Just (2003), Maretzke (2008) und Valleé (2009).

Auch die Verkehrsplanung hat der demographische Wandel erreicht: Bereits in den Achtzigerjahren wiesen erste Autoren darauf hin, dass in einer alternden und schrumpfenden Gesellschaft die Prognosen vom ungebremsten Wachstum der Verkehrsleistung langfristig nicht mehr haltbar seien (Bierschenk et al. 1988). In den vergangenen Jahren wurden unter anderem die Fragen ausführlich diskutiert, wie Verkehrssysteme für eine alternde Gesellschaft barrierefrei gestaltet werden können. Ein weiterer zentraler Aspekt der Diskussion ist außerdem die schwierige Situation des Öffentlichen Verkehrs in der Fläche: Gerade junge Leute verlassen die Schrumpfungsregionen, Kinder werden immer weniger geboren, und viele Seniorinnen und Senioren der Zukunft werden keine Zwangskunden von Bus und Bahn mehr sein, da sie mit dem Führerschein aufgewachsen sind und diesen ins Rentenalter mitnehmen werden. Analysen zur Bedeutung des demographischen Wandels für die Verkehrsplanung finden sich beispielsweise bei Topp (2006; 2005), Sommer (2005a; 2005b), Holz-Rau und Scheiner (2004) und Chlond et al. (2006).

Für Langfristprognosen der Verkehrsnachfrage ist folglich eine möglichst zuverlässige Schätzung der demographischen Entwicklung in Deutschland Voraussetzung. Es mag erstaunen, welch präzise Zahlen Demoskopen selber für die ferne Zukunft in einigen Jahrzehnten vorlegen, während uns die Erfahrung lehrt, dass Wetterberichte oder Stauprognosen oft schon nach wenigen Stunden oder Tagen hinfällig sind. Tatsächlich können Demographen darauf verweisen, dass sich die Bevölkerungsentwicklung in mehrere Teilprozesse aufspalten lässt, von denen sich einzelne zumindest in der Vergangenheit immer wieder als gut vorhersehbar erwiesen haben. Die wichtigsten davon lauten:

- Die bestehende Bevölkerungsverteilung, vor allem: Wie viele Frauen befinden sich heute und in den nächsten Jahren im gebärfähigen Alter?
- Geburtenrate, diese wird üblicherweise in Kindern pro Frau im gebärfähigen Alter gemessen
- Lebenserwartung, also die statistisch zu erwartende Zeitspanne, die einem Menschen vom Beobachtungszeitpunkt bis zu seinem Tod verbleibt
- Migration (Ein- und Auswanderung)

Wie zuverlässig können diese Größen geschätzt werden? Die gegenwärtige Bevölkerungsverteilung gilt als bekannt, wenngleich es auch hier schon durchaus zu Unschärfen kommen kann – erst kürzlich hat das Statistische Bundesamt eingeräumt, dass die Bevölkerungszahl bei der nächsten Volkszählung vermutlich um über eine Million Bürger nach unten korrigiert werden müsse. (dpa/mcs 2008).

Mit der Bestandsaufnahme der gegenwärtigen Bevölkerung ist bereits ein erheblicher Teil der zukünftigen Entwicklung bekannt: Einerseits setzt sich die Bevölkerung der kommenden Jahrzehnte zu erheblichen Teilen aus einer gealterten Fassung der aktuellen Bevölkerung zusammen. Gleichzeitig ergibt sich aus der heutigen Verteilung weitgehend die Zahl der Frauen im gebärfähigen Alter der nächsten Jahre und somit ein wichtiger Aspekt der zukünftigen Entwicklung.

Für die weiteren Größen müssen geeignete Annahmen getroffen werden – eine zentrale Annahme ist hier offensichtlich, dass man Szenarien wie Kriege, Epidemien oder massive Änderungen in der Reproduktionsmedizin Science-Fiction-Autoren überlässt und stattdessen eine Entwicklung postuliert, die in Kontinuität zur Vergangenheit steht. Tatsächlich liegt die Geburtenraten seit vielen Jahren recht verlässlich zwischen 1.3 und 1.4 Kindern pro Frau im gebärfähigen Alter, während die Lebenserwartung zwar immer wieder leicht steigt, sich aber in der jüngeren Vergangenheit dennoch als recht gut vorhersehbar erwiesen hat (Statistisches Bundesamt 2006b).

Gleichwohl handelt es sich selbst bei der gegenwärtigen Geburtenrate nur um eine Schätzung, der genaue Wert kann erst rückblickend bestimmt werden, wenn die entsprechende Generation Frauen das gebärfähige Alter vollständig verlassen hat. In einem noch stärkeren Ausmaß gilt dies für die Lebenserwartung der aktuellen Bevölkerung, weil diese anhand der Lebenserwartung bereits verstorbener Generationen geschätzt werden muss. Deshalb wurde in den letzten Jahrzehnten die Lebenserwartung einiger Generationen unterschätzt, ein Phänomen, welches die Versicherungsbranche mit dem etwas zynisch anmutenden Begriff „Sterblichkeitsverlust“ beschreibt (siehe zum Beispiel Diekmann 2006).

Zumindest aber sind Geburtenrate und Lebenserwartung weitgehend konstant geblieben oder haben sich nur langsam in eine Richtung entwickelt. Eine deutlich volatilere Größe stellt dagegen die Migration dar: In der öffentlichen Diskussion wird gerne ignoriert, dass Deutschland in den letzten Jahrzehnten zu einem der größten Einwanderungsländer der Welt geworden ist, dass aber auch Auswanderung seit jeher ein bedeutender Teil der deutschen Geschichte ist – beide Prozesse beeinflussen massiv die Bevölkerungszahl und üben gleichzeitig Wechselwirkungen auf weitere Parameter wie die Geburtenrate aus, wenn insbesondere Frauen in jungen Jahren migrieren. Ein- und Auswanderung hängen entschieden ab von der wirtschaftlichen und gesellschaftlichen Entwicklung in den Quell- und Zielländern, also von Größen, die zumindest auf lange Sicht schwierig vorherzusehen sind.

Trifft man Annahmen über Geburtenrate, Lebenserwartung und Migration, so ergeben sich unterschiedliche Vorhersageszenarien. Bevölkerungsvorausberechnungen mit verschiedenen Annahmen und Szenarien finden sich etwa bei der Bertelsmann-Stiftung (2008), Bucher et al. (2006), Schulz (2007) und dem Statistischen Bundesamt (2006b). Letztere Quelle weist insgesamt 15 Szenarien aus, Abbildung 1 beschreibt den Korridor eines verhältnismäßig optimistischen und eines verhältnismäßig pessimistischen Szenarios:

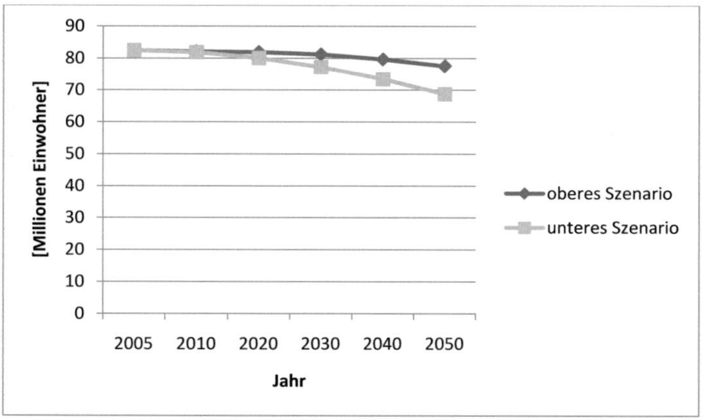

Abbildung 1: Bevölkerungsprognose Deutschland bis 2050 in zwei Szenarien. Eigene Darstellung nach Statistisches Bundesamt (2006b)

Bis 2050 unterscheiden sich die beiden Szenarien um knapp neun Millionen Einwohner – diese Unschärfe nimmt jede Verkehrsprognose bereits in die Ausgangslage mit. Regional kann die Unschärfe noch deutlich höher ausfallen.

Die häufig diskutierte Frage ist dabei jedoch weniger die Abnahme der Bevölkerung, sondern ihre Alterung. Abbildung 2 beschreibt diesen Prozess für das untere Szenario aus Abbildung 1, Abbildung 3 dasselbe für das obere Szenario:

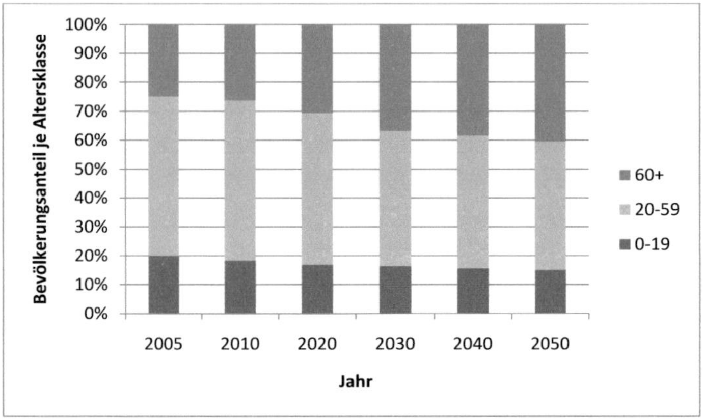

Abbildung 2: Altersverteilung der Bevölkerung Deutschlands im unteren Szenario. Eigene Darstellung nach Statistisches Bundesamt (2006b)

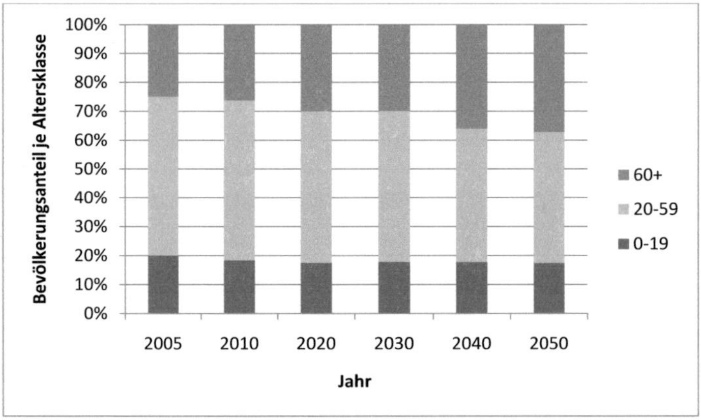

Abbildung 3: Altersverteilung der Bevölkerung Deutschlands im oberen Szenario. Eigene Darstellung nach Statistisches Bundesamt (2006b)

Es müssen nun Wege gefunden werden, wie diese demographischen Prozesse in Verkehrsnachfragemodelle integriert werden können. Dazu soll zuerst einmal der Aufbau gängiger Nachfragemodelle diskutiert werden.

2.3 Modellierung der Verkehrsnachfrage

Effizienter Bau, Instandhaltung und Betrieb der Infrastruktur benötigen ein hinreichend präzises Verständnis der Verkehrsnachfrage – dieses sollte nicht nur Gesamtmengen abbilden, sondern möglichst detailliert die verschiedenen Dimensionen der Nachfrage darstellen, also Quelle-Ziel-Relationen, Verkehrsmittel- und Routenwahl sowie die zeitliche Lage der Nachfrage.

Aufgrund der hohen Interdisziplinarität der Verkehrsplanung stehen für diese Fragestellung Ansätze aus verschiedenen Fachbereichen zur Verfügung. Gerne zitiert werden verkehrspsychologische Modelle wie bei Bamberg und Schmidt (1993), diese basieren häufig auf der Theorie des geplanten Verhaltens von Ajzen (1991). Derartige Modelle stellen meist komplexe theoretische Konstrukte in den Mittelpunkt, wie etwa Intentionen, münden in aufwändige Strukturgleichungssysteme und sind aufgrund dieser Komplexität und Theoriefokussierung für den Praxisgebrauch im Ingenieurwesen eher ungeeignet.

Hier bieten sich stattdessen pragmatischere Modelle an, welche eine Mischung darstellen aus Adaptionen physikalischer Gesetze und aus der ökonomischen Vorstellung nutzenmaximierender Individuen. Diese Modellansätze quantifizieren meist mit überschaubarem Aufwand die verschiedenen Dimensionen der Verkehrsnachfrage, welche für den Infrastrukturbau und -betrieb von Bedeutung sind: Quelle, Ziel, gewählte Verkehrsmittel und die gewählten Netzelemente einschließlich des Zeitraums der Belastung. Verbreitet ist eine sequentielle Modellierung dieser verschiedenen Dimensionen in mehreren Stufen (siehe zum Beispiel Khisty & Lall 2002; McNally 2000; Ortuzar & Willumsen 1990; Zumkeller 2003). Die gängige Stufenabfolge lautet dabei:

1. Verkehrsentstehung („trip generation“): Welche Wege (häufig in Verbindung mit einem Zweck) werden durchgeführt?
2. Zielwahl („trip distribution“): Welche Ziele werden angesteuert?
3. Verkehrsmittelwahl („mode usage / mode choice“): Welche Verkehrsmittel werden dazu verwendet?
4. Umlegung („trip assignment / route choice“): Über welche Kanten beziehungsweise Knoten des Netzes und wann finden diese Ortsveränderungen statt?

Der sequentiellen Abarbeitung liegen zwei Annahmen zugrunde: Zum einen treffen die Nutzer ihre Entscheidung zur Ortsveränderung in mehreren unabhängigen Stufen, und zum anderen geschieht dies in der obigen Reihenfolge. Wenngleich diese

Annahmen in Einzelfällen angreifbar sind, scheint sich diese Modelllogik in Theorie und Praxis weitgehend durchgesetzt zu haben.

4-Stufen-Algorithmen können sowohl auf der Ebene individueller Agenten (Mikromodelle) als auch auf der Ebene von Aggregaten (Makromodelle) arbeiten, auch eine Kombination beider Ebenen ist möglich. Mikro- und Makromodelle haben jeweils Vor- und Nachteile, welche unter der gegebenen Problemstellung verschieden stark zum Tragen kommen können. Eine vergleichende Diskussion führt beispielsweise Moeckel durch (Moeckel 2007). Typische Nachteile von Mikromodellen sind die Notwendigkeit detaillierter Mikrodaten als Input und der hohe Rechenaufwand. Außerdem muss für die Mikromodellierung ein recht genaues Verständnis von individuellem Verhalten vorliegen. Dies kann umgekehrt jedoch auch als Stärke von Mikromodellen angesehen werden, da Verhaltensänderungen oder auch Lernprozesse der Individuen vom Modell dargestellt werden können. Außerdem ermöglichen nur Mikromodelle, Interaktionen der Individuen untereinander darzustellen.

Es gibt verschiedene Erweiterungen und Varianten des 4-Stufen-Ansatzes, beispielsweise ein modifiziertes Verfahren für den Fernverkehr (Manz 2005), die Berücksichtigung von Intermodalität (Ottmann 2003), die Verwendung von Längsschnitt-Informationen (Kuhnimhof 2007) oder die Integration von Informationsdiensten (Wittowsky 2009). Die Modelle werden zumeist mit Erhebungsdaten aus der Gegenwart oder Vergangenheit kalibriert und so gegebenenfalls auch für zukünftige Szenarien eingesetzt – Zukunftsprognosen der Verkehrsnachfrage beschränken sich damit weitgehend auf eine Veränderung der zugrundeliegenden Bevölkerung, für die jedoch heute wie in Zukunft dasselbe Verhalten angenommen wird. Wie problematisch dies ist, soll das Beispiel im folgenden Abschnitt illustrieren.

2.4 Fortschreibung der Nachfrage in die Zukunft

Die erste große Verkehrserhebung in der Bundesrepublik stellt die KONTIV 1976 dar – eine Beschreibung dieser Datenquelle befindet sich in Abschnitt 2.5.1. Seitdem sind über 30 Jahre vergangen, in denen Verschiebungen in der Bevölkerungsverteilung stattgefunden haben. Im Folgenden soll beispielhaft ein Modell zum Einsatz kommen, welches versucht, die heutige Verkehrsnachfrage anhand des Verhaltens 1976 und einer heutigen Bevölkerungsverteilung darzustellen. Hierzu wird die Grundgesamtheit der KONTIV 1976 nach Geschlecht und jeweils fünf Altersjahren klassiert, es werden lediglich Wege unter 100 km betrachtet. Tabelle 1 listet die durchschnittlichen Kilometer pro Person und Tag auf, sowohl über alle Verkehrsmittel als auch beschränkt auf Pkw-Wege als Selbstfahrer. Gut zu erkennen sind erhebliche Unterschiede zwischen den Altersklassen und Geschlechtern. Tabelle 2 liefert dieselbe Darstellung für Wege pro Person und Tag, die Varianz über Alter und Geschlecht ist hier geringer.

	[km/(Person*Tag)]			
	Männer		Frauen	
Altersklasse	Gesamt	Pkw	Gesamt	Pkw
10-14	11.2	0.1	11.5	0.1
15-19	19.1	3.2	17.9	1.6
20-24	29.4	21.5	22.0	8.3
25-29	34.9	26.6	18.2	6.8
30-34	32.2	25.9	16.6	7.1
35-39	33.4	28.6	15.9	6.1
40-44	28.3	21.8	13.0	5.1
45-49	26.9	21.1	12.6	4.0
50-53	24.5	18.6	12.0	3.2
55-59	22.7	17.2	11.8	3.7
60-64	17.0	10.9	8.4	1.0
65-69	12.2	6.9	6.1	0.8
70-74	8.5	3.1	6.3	0.5
75-79	7.1	2.4	4.1	0.4
80-84	5.0	1.1	2.7	0.0
85+	4.0	1.9	1.0	0.0

Tabelle 1: Kilometer pro Person und Tag nach Geschlecht und Alter, ohne Fernreisen über 100 km. Datenquelle: KONTIV 1976

	[Wege/(Person*Tag)]			
	Männer		Frauen	
Altersklasse	Gesamt	Pkw	Gesamt	Pkw
10-14	2.6	0.0	2.6	0.0
15-19	3.0	0.4	2.9	0.2
20-24	3.2	2.0	3.1	1.0
25-29	3.6	2.5	3.0	0.9
30-34	3.5	2.5	3.0	1.0
35-39	3.3	2.4	2.7	0.8
40-44	3.2	2.1	2.5	0.7
45-49	3.2	2.0	2.5	0.5
50-53	3.0	1.8	2.5	0.4
55-59	2.8	1.7	2.5	0.4
60-64	2.7	1.2	2.1	0.1
65-69	2.4	0.7	2.1	0.1
70-74	2.0	0.4	1.7	0.1
75-79	2.0	0.2	1.5	0.0
80-84	1.8	0.1	1.1	0.0
85+	1.6	0.2	0.6	0.0

Tabelle 2: Wege pro Person und Tag nach Geschlecht und Alter, ohne Fernreisen über 100 km. Datenquelle: KONTIV 1976

Altersklasse	Männer	Frauen
11-15	0.030	0.028
16-20	0.033	0.031
21-25	0.032	0.030
26-30	0.029	0.029
31-35	0.032	0.031
36-40	0.045	0.044
41-45	0.049	0.048
46-50	0.040	0.041
51-55	0.036	0.037
56-60	0.032	0.032
61-65	0.032	0.034
66-70	0.036	0.040
71-75	0.024	0.029
76-80	0.019	0.026
81-85	0.010	0.022
86+	0.005	0.015

Tabelle 3: Relative Häufigkeiten der Altersklassen der deutschen Bevölkerung an der Gesamtbevölkerung 2006. Eigene Darstellung nach Statistisches Bundesamt (2008)

Gleichzeitig ist für das Jahr 2006 die relative Verteilung der Bevölkerung $h_{i,j}$ nach Alter i und Geschlecht j bekannt (Tabelle 3). Bei Annahme gleichen Verhaltens identischer Personengruppen 1976 und 2006 können mit diesen Informationen nun die

Eckwerte für die Gesamtbevölkerung (alle Personen ab zehn Altersjahren) 2006 vorhergesagt werden:

$$\overline{Eckwert}_{2006} = \sum_{i,j} h_{i,j}(2006) * \overline{Eckwert}_{i,j} \tag{2.1}$$

Mit:

$\overline{Eckwert}_{2006}$	Durchschnittliche Kilometer- oder Wegezahl pro Person und Tag der Gesamtbevölkerung im Jahr 2006
i	Alter
j	Geschlecht
h_{ij}	Relative Häufigkeit Personen mit Alter i und Geschlecht j
$\overline{Eckwert}_{i,j}$	Durchschnittliche Kilometer- oder Wegezahl pro Person und Tag der Personen mit Alter i und Geschlecht j

Tabelle 4 weist neben den Modellergebnissen außerdem die tatsächlich mit dem Mobilitätspanel gemessenen Eckwerte 2006 aus – aus Vergleichsgründen ist auch hier Grundgesamtheit die Westdeutsche Bevölkerung ab zehn Altersjahren, es werden ebenfalls nur Wege unter 100 km betrachtet.

Zu erkennen ist ein minimaler Rückgang der Mobilität im Fortschreibungsmodell, der vermutlich aus der Alterung der Gesellschaft und somit einem Abnehmen der besonders mobilen Gruppen herrührt. Tatsächlich ist die Mobilität aber innerhalb der drei Jahrzehnte deutlich gestiegen, sowohl insgesamt, als auch bezogen auf den Pkw. Der Anstieg der Kilometerzahlen wird dabei zum Teil durch die Beschleunigung des Verkehrsnetzes verursacht worden sein, als alleinige Erklärung erscheint dies jedoch insbesondere bei der Wegehäufigkeit unzureichend. Wenngleich hier methodische Probleme zu berücksichtigen sind, die in den Abschnitten 2.5 und 2.6 näher diskutiert werden, so scheinen zusätzlich zur Alterung und der Veränderung der Netze weitere Prozesse eine Rolle zu spielen.

Mobilitätskennziffer	KONTIV 1976	Fortschreibung 2006	MOP 2006
[km/(Person*Tag)]	17.8	17.0	29.0
[Pkw-km/(Person*Tag)]	9.4	9.3	16.4
[Wege/(Person*Tag)]	2.7	2.6	3.4
[Pkw-Wege/(Person*Tag)]	1.0	0.9	1.4

Tabelle 4: Eckwerte der Mobilität KONTIV 1976, Fortschreibung 2006 und Vergleich mit dem Deutschen Mobilitätspanel 2006 (ohne Fernreisen über 100 km)

Das Beispiel verdeutlicht, wie problematisch es ist, Vorhersagen in die Zukunft ausschließlich auf Veränderungen der Altersstruktur zu stützen, während das Vorhersagemodell am Verhalten kalibriert wurde, das in der Vergangenheit gemessen wurde. Dabei hat das hier vorgestellte Modell sogar gegenüber Zukunftsmodellen den Wettbewerbsvorteil, keine demographischen Prognosen zu benötigen, stattdessen konnte auf Bestandsdaten des Statistischen Bundesamtes zurückgegriffen werden.

Prognosemodelle für die kommenden Jahrzehnte dürfen folglich nicht ohne Weiteres an der Gegenwart kalibriert werden, sie sollten stattdessen soweit möglich ein Prozessverständnis der Verhaltensänderungen integrieren. Häufig sind die verwendeten Modelle hier jedoch noch theorieschwach: Teilweise extrapolieren sie einfach Wachstumstendenzen aus der Vergangenheit in die Zukunft – dieses Verfahren ist immerhin noch im aktuellen Handbuch für die Bemessung von Straßenverkehrsanlagen (FGSV 2001) und in der Richtlinie für die Anlagen von Straßen (FGSV 1996) zu finden, wenngleich nur als ein Verfahren von mehreren. Auch die Verkehrsprognose der Studie „Deutschland 2020“ scheint im Wesentlichen auf einer Fortschreibung vergangenen Wachstums zu basieren (McKinsey & Company 2009).

Weitere Ansätze berücksichtigen verschiedene Szenarien, bei denen häufig entweder die Wechselwirkungen der einzelnen Effekte vage hinter einer Black Box verschwinden, oder bei denen die Szenarien teilweise derart breite Trichter liefern, dass die Prognosen für den Planer keinen Nutzen mehr stiften. Die Shell-Studie „Flexibilität bestimmt Motorisierung“ (Shell 2004) ist ein gutes Beispiel, dass man beide Probleme gleichzeitig in einer Prognose unterbringen kann: Hier werden für verschiedene Kenngrößen jeweils zwei Szenarien gerechnet, die zwar über die klangvollen Namen „Tradition“ und „Impulse“ verfügen, deren Berechnung aber nicht einmal ansatzweise beschrieben wird. Auch wenn für einzelne Kenngrößen durchaus schmale Trichter zwischen beiden Szenarien auftreten, divergieren sie für andere Kennziffern erheblich – als Beispiel diene in Abbildung 4 die Prognose der Gesamtfahrleistung.

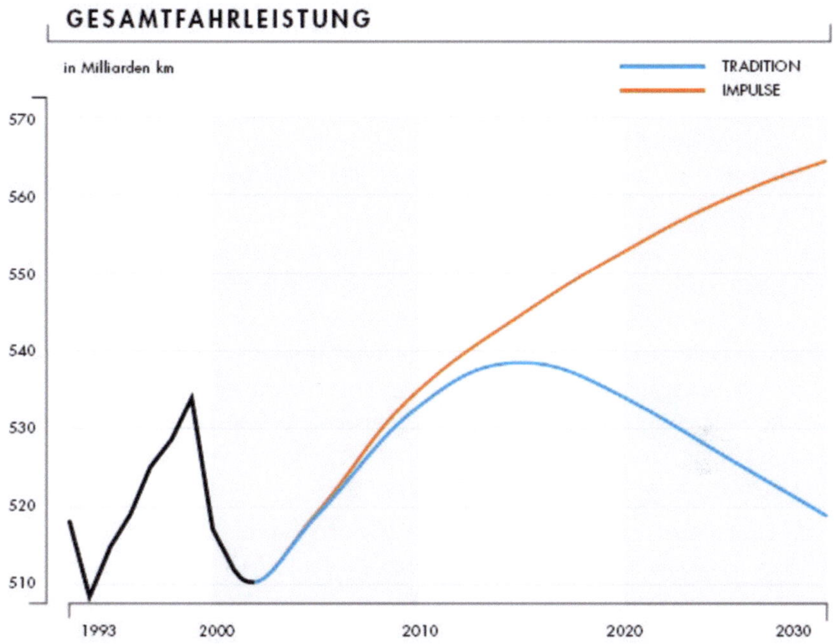

Abbildung 4: Zwei Vorhersageszenarien für die Gesamtfahrleistung. Quelle: Shell (2004)

Es gibt gelungenere Beispiele für Vorhersageszenarien, etwa die Verkehrsprognose 2015 (Gresser et al. 2001), die Prognose zukünftiger Bemessungsverkehrsstärken (Johänning et al. 2007), der Nachfrageentwicklung im Verdichtungsraum Rhein-Main (Chlond et al. 2008) oder die Prognose Mobilität 2020 (acatech 2006). Hier werden einerseits Annahmen über verschiedene Trends und Kennzahlen getroffen, andererseits wird in einigen Szenarien mehr oder weniger explizit auf das Konzept der verhaltenshomogenen Gruppen zurückgegriffen. Dieses wird häufig Schmiedel (1984) zugeschrieben, obwohl es bereits früher bei Kutter zum Einsatz kommt (Kutter 1973; Kutter 1972) und obwohl Schmiedel selber den Begriff „verhaltenshomogene Gruppen" problematisch findet und stattdessen den Terminus „verhaltensähnliche Personenkreise" verwendet.

Idee für die Prognosen ist hier, verschiedene Personengruppen zu identifizieren, Annahmen über die Häufigkeitsverteilung der Gruppen in der Zukunft zu treffen und anschließend diesen Gruppen Verhalten zuzuspielen. Das Konzept der verhaltenshomogenen Gruppen ist umstritten, da es teilweise erhebliche methodische Probleme bei der Klassierung gibt (siehe Schlich 2004) und innerhalb einer verhaltenshomogenen Gruppe im Widerspruch zu ihrem Namen erhebliche Varianzen im Verhalten auftreten können. Bei der Prognose kommt als weiteres Problem hinzu, dass die Modelle meist am gemessenen Verhalten kalibriert werden und für die Zukunft häufig dasselbe Verhalten innerhalb einer Gruppe postuliert wird. Die erwarteten Verhaltensänderungen zwischen verschiedenen Kohorten sollten jedoch in die Modelle integriert werden.

An dieser Stelle liefert der demographische Wandel nach all seinen problematischen Eigenschaften zur Abwechslung einmal eine gute Nachricht für den Verkehrsplaner: Nimmt man in Abbildung 2 beispielsweise die Bevölkerungsverteilung für das Jahr 2010 als gegeben und schaut in das Jahr 2030, so ist diese zukünftige Bevölkerung unter Vernachlässigung der Migration eine gealterte Fassung der gegenwärtigen Bevölkerung, mit Ausnahme der unter 20-jährigen. Selbst im oberen Szenario (Abbildung 3) mit einer optimistischen Annahme der Geburtenrate liegt der Anteil der neu hinzukommenden Personen lediglich bei 16 %.

Nur für diesen überschaubaren Teil der Bevölkerung müssen weitreichende Annahmen über ihr zukünftiges Verhalten getroffen werden. Anschließend lässt sich die Qualität einer Prognose erheblich verbessern, wenn man die Alterungsprozesse der bereits bestehenden Bevölkerung versteht. Für eine Analyse derartiger Prozesse und Verhaltensänderungen über die Zeit sind jedoch höhere Anforderungen an die Datenquellen verbunden.

2.5 Datenquellen zur Messung von Verhaltensänderungen

Mit einem einzelnen Datenquerschnitt kann im günstigsten Fall Verhalten gemessen werden, jedoch keine Verhaltensänderungen. Erforderlich sind stattdessen Datenquellen mit Längsschnittcharakter, also Retrospektivbefragungen, Panel-Erhebungen oder hilfsweise Pseudo-Panels. Verschiedene Autoren diskutieren die Vor- und Nachteile dieser Erhebungsformen: Eine allgemeine Darstellung liefert Kish (1987), während sich Richardson et al. (1995), Stopher (2000), Kitamura (2000) und Zumkeller und Ottmann (2009) spezifisch auf Verkehrserhebungen beziehen. Lanzendorf (2003) untersucht die Vor- und Nachteile der Datentypen in Bezug auf Mobilitätsbiographien, Dargay und Vythoulkas (1999) in Bezug auf Alters- Kohortenmodelle. Die Vor- und Nachteile der Erhebungsformen können wie folgt zusammengefasst werden:

Retrospektiverhebungen sind in der Theorie ideal, da sie lediglich zu einem Zeitpunkt stattfinden und somit einen überschaubaren Aufwand erzeugen. Sieht man von neuen Technologien wie GPS ab, sind die meisten Verkehrserhebungen bis zu einem gewissen Grad retrospektiv, weil die Probanden in der Regel nicht beobachtet werden, sondern selber ihr Verhalten berichten, was meist nach Abschluss, also rückblickend geschieht.

Berichtet man noch am selben Tag sein Mobilitätsverhalten, so werden sich viele Probanden auch noch an Details erinnern können. An länger zurückliegende Ereignisse erinnern sich Menschen aber häufig nur, wenn sie außergewöhnlich und bedeutend sind. Da Mobilität in vielen Fällen nicht Zweck, sondern nur Mittel zum Zweck ist, darf angenommen werden, dass zumindest Details des individuellen Verkehrsverhaltens oft nicht mehr fehlerfrei reproduziert werden können.

Lanzendorf (2003) argumentiert daher zugunsten von qualitativen Retrospektiverhebungen. Tatsächlich erscheint es plausibel, dass sich Menschen eher an grobe Zusammenhänge ihres Mobilitätsverhaltens in früheren Lebensphasen erinnern als an quantitative Details wie Wegehäufigkeiten oder Abfahrtszeiten. Für die hier vorliegende Problemstellung, quantitative Nachfragemodelle zu verbessern, reichen qualitative Daten jedoch nicht aus. Zusätzlich treten bei Retrospektiverhebungen spezifische Selektivitätsprobleme auf: Todesfälle und Migration können dazu führen, dass ein erheblicher Teil der Personen nicht mehr an dem Ort wohnt, an dem sie zu ihrem Verhalten bis weit in die Vergangenheit befragt werden sollen.

Auch **Panelerhebungen** überzeugen in der Theorie: Wird jeweils dieselbe Stichprobe über einen längeren Zeitraum betrachtet, so können Verhaltensänderungen der Individuen über verschiedene Erhebungswellen untersucht werden. Außerdem reduziert die wiederholte Befragung derselben Personen den Stichprobenfehler – dieser fiele erheblich größer aus, wenn bei jeder Welle eine neue Zufallsstichprobe gezogen würde.

Als größter Kritikpunkt bei Panels gelten häufig die Kosten durch den vermeintlich hohen Erhebungsaufwand, jedoch muss dieser Einwand relativiert werden: Im Gegensatz zu Querschnittserhebungen fallen bei Panels in den Folgewellen erheblich niedrigere Rekrutierungskosten an. Die Fixkostendegression etwa aufgrund der Routine des Personals oder der Wiederverwendbarkeit des Erhebungsdesgins führt außerdem dazu, dass der Aufwand über die Jahre sinkt. Die Kosten fallen darüber hinaus regelmäßig an und sind daher für den Auftraggeber planbar.

Dagegen spielen zusätzliche Methodeneffekte bei Panels im Vergleich zu Querschnittserhebungen eine Rolle, auf diese Schwierigkeiten wird in Abschnitt 2.6 eingegangen. Ein weiteres Problem liegt in der Repräsentativität: Zieht man lediglich einmal eine Zufallsstichprobe und befragt ausschließlich diese über die Zeit, so können Veränderungen in der Grundgesamtheit, etwa durch Migration, nicht mehr im

Panel abgebildet werden. Einige dieser methodischen Probleme lassen sich durch ein Rotationspanel zumindest mildern: Hier nehmen die Probanden nur eine begrenzte Zeit teil und werden dann zeitlich versetzt durch eine repräsentative Stichprobe der aktuellen Bevölkerung ersetzt. Durch die begrenzte Panelteilnahme können jedoch wiederum langfristige Verhaltensänderungen nur schwer erfasst werden.

Einen pragmatischen Ansatz stellen **Pseudo-Panels** dar: Querschnittserhebungen stehen häufig zu verschiedenen Zeitpunkten selbst über längere Zeiträume zur Verfügung. Beschränkt man sich nun darauf, nicht dieselben Personen zwischen den Wellen zu vergleichen, sondern lediglich gleiche Personengruppen wie etwa Geburtskohorten, so können zumindest einige Vorteile des Panels in das Pseudo-Panel gerettet werden. Ein Pionier dieses Ansatzes ist Deaton (1985).

Pseudo-Panels können jedoch nur noch Veränderungen im Aggregat beobachten, nicht auf individueller Ebene. Die wiederholte Ziehung der Stichprobe führt außerdem zu einer erhöhten Varianz der Zufallseinflüsse. Daneben haben Querschnitts-Erhebungen gegenüber Panels einen nicht ganz offensichtlichen organisatorischen Nachteil: Querschnitte werden vom Auftraggeber, also meist der öffentlichen Hand, häufig einzeln kontrahiert, damit geht die oben angesprochene Fixkostendegression verloren. Gleichzeitig können knappe Kassen oder geänderte politische Prioritäten dazu führen, dass Wellen ausfallen oder verschoben werden und damit eine unregelmäßige Folge an Beobachtungsjahren entsteht.

Alle drei Datentypen haben somit ihre Vor- und Nachteile, die Entscheidung hängt daher zumeist davon ab, welche Datenquellen überhaupt zur Verfügung stehen. Retrospektivbefragungen mit quantitativen Daten zum Verkehrsverhalten liegen in Deutschland in geeigneter Form nicht vor. Daher sollten die stattdessen verfügbaren Querschnitt- und Panelerhebungen derart verwendet werden, dass sie einen möglichst großen Zeitraum abdecken, um auch langfristige Entwicklungen verstehen zu können. Es verbleiben jedoch zwei Probleme: Einerseits fehlen aus Gründen des Datenschutzes und des Erhebungsaufwandes in den Datensätzen zumeist Geocodierungen, andererseits klaffen erhebliche methodische Lücken zumindest zwischen den unterschiedlichen Erhebungen, teilweise aber auch zwischen verschiedenen Wellen derselben Erhebung – dies erschwert eine Auswertung als Pseudo-Panel. Auf letzeres Problem wird in den Abschnitten 2.5.1 und 2.6 eingegangen.

Für die vorliegende Arbeit wurden die KONTIVs, das Mobilitätspanel und das Fernverkehrspanel INVERMO verwendet – diese Datenquellen haben die gesamte Bevölkerung als Grundgesamtheit, sind methodisch in vielerlei Hinsicht vergleichbar und basieren alle auf einer tagebuchgestützten Mobilitätserhebung. In den Abschnitten 2.5.1 bis 2.5.3 sollen diese Datenquellen näher beschrieben werden.

Daneben gibt es in Deutschland zahlreiche weitere Erhebungen, die sich mit Verkehr befassen oder befasst haben: Einerseits existieren verschiedene regionale Erhebungsprojekte wie die SrV (siehe etwa Ahrens et al. 2007), außerdem befassen sich das Sozioökonomische Panel (DIW 2008) und verschiedene Datenquellen des Statistischen Bundesamtes wie der Mikrozensus (Statistisches Bundesamt 2006a) mit Einzelaspekten des Mobilitätsverhaltens. Daneben gibt es aus verschiedensten Forschungsprojekten Datenquellen, die sich auch im Längsschnitt mit Aspekten der Mobilität beschäftigen, zum Beispiel befragen Sydow und Scholl ein Panel von 16-jährigen jährlich zu ihrer Verkehrsmittelwahl, bis sie 20 Jahre alt sind (Sydow & Scholl 2002).

Die Regionalerhebungen scheiden für eine Verwendung aus, da sie meist zeitlich und räumlich sehr begrenzt sind. Die SrV etwa deckt zwar einen Zeitraum von mehreren Jahrzehnten ab, jedoch finden die Erhebungen erst seit einigen Jahren im früheren Bundesgebiet statt, außerdem beschränkt sich die SrV auf Städte, weshalb das für die Zukunft wichtige Thema der Entwicklung von ländlichen Regionen nicht adressiert werden kann.

Ebenso kommt das Sozioökonomische Panel nicht zum Einsatz: Wenngleich es mit der langjährigen Teilnahmedauer ein sehr hilfreiches Instrument zum Verständnis von Biographien darstellt, werden Verkehrsthemen nur mit einzelnen Variablen abgedeckt, die jedoch kaum Verhalten messen. Dasselbe Problem gilt auch für die verschiedenen Datenquellen des Statistischen Bundesamtes. Weitere Erhebungen wie das geschilderte Panel zur Mobilität Jugendlicher sind oft sehr spezifisch in der Grundgesamtheit und im Design, weshalb sie meist nicht vergleichbar mit anderen Datenquellen sind.

2.5.1 KONTIV / MiD

Unter dem Titel „Kontinuierliche Erhebung zum Verkehrsverhalten" (KONTIV) wurden 1976, 1982 und 1989 Erhebungen mit ähnlichem Design auf dem gesamten Gebiet der damaligen Bundesrepublik durchgeführt. 2002 wurde mit überarbeitetem Konzept unter dem Namen „Mobilität in Deutschland" (MiD) das mittlerweile vereinte Bundesgebiet befragt (Engelhard et al. 2002a; Engelhard et al. 2002b; Kunert & Follmer 2003), eine weitere MiD aus dem Jahr 2008 befindet sich gegenwärtig in der Aufbereitung.

Die Erhebungen umfassen jeweils einige Zehntausend Haushalte über alle Jahreszeiten verteilt. Neben soziodemographischen Fragen füllen die Haushaltsmitglieder einen Tag lang ein Wegetagebuch aus, dabei müssen sie Abfahrt, Ankunft, Entfernung, Zweck und Verkehrsmittel jedes Weges angeben. Die große Stichprobe ermöglicht verschiedene Analysen mit fein klassierten Daten, die Erhebungen bereits ab 1976 bieten außerdem einen Längsschnitt über einen erheblichen Zeitraum.

Gleichwohl gibt es teils erhebliche methodische Unterschiede zwischen den einzelnen Wellen. Kloas und Kunert (1994a; 1994b) diskutieren die Vergleichbarkeit der ersten drei Wellen, Holz-Rau und Scheiner (2006) die aller vier Wellen. Dabei werden unter anderem Unterschiede konstatiert in Rekrutierungsverfahren, Grundgesamtheiten, Fragestellungen, Variablenausprägungen und Gewichtungsverfahren. Für die vorliegenden Analysen mussten daher erhebliche Überarbeitungen der Daten vorgenommen werden:

- Die Variablendeklarationen mussten soweit möglich vereinheitlicht werden. Dadurch konnten Genauigkeitsverluste eintreten, wenn Deklarationen aus Wellen auf den kleinsten gemeinsamen Nenner mit anderen Wellen zurückgeschnitten wurden.
- Für alle Wellen musste ein vergleichbares Haushalts-Personengewicht erstellt werden.
- Anschließend musste das Gewicht derart angepasst werden, dass in jeder Welle alle Wochentage gleich wahrscheinlich auftreten.
- Die Datensätze mussten auf die kleinste zur Verfügung stehende Grundgesamtheit zurückgeschnitten werden, also auf die westdeutsche deutschsprachige Wohnbevölkerung ab zehn Jahren.

Aufgrund der methodischen Unterschiede müssen auch die Ergebnisse der überarbeiteten Daten mit einer gewissen Vorsicht interpretiert werden. So weisen Holz-Rau und Scheiner (2006) darauf hin, dass Wegehäufigkeiten sowie Zeitvergleiche mit der Welle 2002 problematisch seien, da hier insbesondere dienstliche Wege genauer erfasst worden seien als in den vorherigen Wellen. Eine Geocodierung, sofern überhaupt erhoben, ist für Nutzer aus Datenschutzgründen nicht zugänglich.

2.5.2 Deutsches Mobilitätspanel (MOP)

Das Deutsche Mobilitätspanel läuft seit 1994 und umfasste bis 1999 die Bevölkerung der früheren Bundesrepublik, seit 2000 die gesamte Bevölkerung Deutschlands. Aktuell füllen rund 1600 Personen aus rund 800 Haushalten im Herbst ein Wegetagebuch aus – abgefragt werden unter anderem Wegzweck, Entfernung, Abfahrt und Ankunft sowie gewählte Verkehrsmittel.

Das Tagebuch ist im Aufbau ähnlich den KONTIVs, jedoch wird im Panel eine ganze Woche abgefragt, in den KONTIVs nur ein Tag. Im Mobilitätspanel werden wie in den KONTIVs soziodemographische Daten auf Haushalts- und Personenebene erhoben. Personen unter zehn Jahren werden nicht befragt. Ein Teil der ausgewählten Haushalte füllt außerdem im Frühjahr acht Wochen lang ein Tagebuch zum Treibstoffverbrauch der Pkws aus (Chlond et al. 2009; Zumkeller 2009).

Das MOP ist als Rotationspanel aufgebaut, Haushalte werden gebeten, drei Jahre in Folge teilzunehmen, anschließend werden sie ersetzt. Durch die Rotation wird gewährleistet, dass Änderungen in der Grundgesamtheit zeitnah abgebildet werden können, außerdem reduziert sie die Neigung einiger Probanden, mit der Zeit ihr Verhalten der Befragung anzupassen. Der Panelansatz ermöglicht, Änderungen im Verhalten zu analysieren, beispielsweise wenn sich Lebensumstände geändert haben.

Das Mobilitätspanel ermöglicht durch die abgefragte Woche und den Panelcharakter verschiedene Auswertungen zu biographischen Fragestellungen. Da seit Beginn 1994 nur kleine Änderungen in der Methodik stattgefunden haben, können die Daten mit relativ geringen Anpassungen verglichen werden. Im Mobilitätspanel werden Hochrechnungs- statt Gewichtungsfaktoren ausgewiesen, zur simultanen Auswertung zusammen mit den KONTIVs müssen daher im Mobilitätspanel die Gewichte auf Personentagesebene auf den Mittelwert 1 normiert werden.

Für die folgenden Auswertungen wird auf Daten bis einschließlich der Welle 2007 zurückgegriffen. Grundsätzlich können zukünftige Anwendungen der vorgestellten Verfahren weitere Wellen integrieren und somit weiter an Genauigkeit gewinnen.

2.5.3 INVERMO

Im Deutschen Mobilitätspanel kann gezeigt werden, dass nur 1.3 % aller Wege länger als 100 km sind – außerdem verteilen sich gerade längere Reisen nicht gleichmäßig auf die Bevölkerung, stattdessen sind wenige Personen besonders oft im Fernverkehr unterwegs. Daher bieten sich die oben genannten Datenquellen Mobilitätspanel und KONTIVs nur bedingt an für Analysen des Fernverkehrs.

Diese Datenlücke wurde in Deutschland mit dem Projekt „INVERMO“ geschlossen: In der Zeit von 2000 - 2003 wurde ein dreistufiges Erhebungsdesign mit geschichteter Stichprobe entwickelt und umgesetzt. Zuerst wurden per Zufallsauswahl rund 17 000 Personen zu ihren Fernreisen innerhalb eines Jahres befragt. Im zweiten Schritt wurde eine Unterstichprobe ausgewählt, in welcher Personen mit vielen Fernreisen überrepräsentiert wurden. Die ausgewählten Personen berichteten zu drei aufeinanderfolgenden Zeitpunkten (jeweils in unterschiedlichen Jahreszeiten) über ihr Fernreiseverhalten der letzten acht Wochen. Dazu wurden detaillierte Fragen gestellt zur Reise und dem Reisekontext (z. B. mitgeführtes Gepäck, Anzahl Reiseetappen). Die Befragungen fanden in unterschiedlichen Jahreszeiten statt, um saisonale Effekte ausgleichen zu können. Durch Gewichtung kann die geschichtete Stichprobe auf die gesamte Bevölkerung hochgerechnet werden. In einem dritten Schritt wurden mit ausgewählten Probanden Intensivinterviews geführt, hierbei kamen Stated Preference Ansätze zum Tragen (Chlond et al. 2004; Last et al. 2003).

Wenngleich INVERMO eine Datenlücke im Fernverkehr schließt, bleibt der abgedeckte Zeitraum mit drei Jahren überschaubar. Die Erhebung ist zwar als Panel konzipiert, denn dieselben Personen werden in bis zu drei verschiedenen Wellen befragt. Diese Wellen liegen jedoch in verschiedenen Jahreszeiten, um die starke Saisonalität des Fernverkehrs bei der Berechnung der Eckwerte berücksichtigen zu können. Aufgrund dieser Saisonalität sind biographische Auswertungen im Längsschnitt nur sehr eingeschränkt möglich.

2.6 Methodische Probleme bei Verkehrserhebungen

Weil schon die Teilnahme an Verkehrserhebungen freiwillig ist und weil ferner aus verschiedenen Gründen von der Rekrutierung bis zum Abschluss der Erhebung Ausfälle zu verzeichnen sind, bestehen bei den vorgestellten Datenquellen Probleme mit der Repräsentativität. Personen können einerseits gar nicht erst an der Erhebung teilnehmen (Non Response), im Falle einer Panelerhebung können sie außerdem zwischen den Wellen ausscheiden (Mortalität). Häufig sind die Ausfälle selektiv, bei bestimmten Personengruppen ist also die Wahrscheinlichkeit der Teilnahme höher als bei anderen Personengruppen. Problematisch ist dies, wenn die Ausfallwahrscheinlichkeit mit einem spezifischen Mobilitätsverhalten korreliert ist – etwa wenn hochmobile Personen mit überdurchschnittlicher Wahrscheinlichkeit nicht an Erhebungen teilnehmen, da sie durch die Tagebuchberichte eine höhere Belastung als durchschnittlich mobile Personen erdulden müssten.

Auch bei grundsätzlicher Teilnahme an der Erhebung können die Probanden weitere Probleme für die Datenqualität bereiten: Denkbar ist das absichtliche oder unabsichtliche Nichtberichten von Wegen (Non reported Trips), eine mit der Zeit abnehmende Bereitschaft, Details zu berichten (Fatigue) sowie insbesondere bei längerfristigen Erhebungen eine Anpassung des Verhaltens an die Erhebung (Conditioning).

Für das Deutsche Mobilitätspanel wurde eine Selektivitätsstudie zu einigen dieser Probleme durchgeführt: Tatsächlich sind im Panel verschiedene Gruppen über- beziehungsweise unterrepräsentiert, dies scheint sich jedoch bei geeigneter Gewichtung nicht auf die Eckwerte auszuwirken (Kuhnimhof et al. 2006). Für die KONTIV-

Erhebungen und das Fernverkehrspanel INVERMO kann Ähnliches angenommen werden.

Gleichwohl gibt es für die im Folgenden angestrebten Untersuchungen insbesondere drei Problembereiche, in denen sich in den vorgestellten Datenbasen Non Response Effekte negativ auswirken können: Erstens ist der Einfluss von Migrationshintergrund auf Mobilitätsverhalten und die Teilnahmebereitschaft an Verkehrserhebungen noch völlig untererforscht. Gelegentlich wird hier auf Forschungsergebnisse aus den USA verwiesen, dass Migranten zwar ein abweichendes Verhalten aus ihrem Heimatland mitbringen, sich aber mit der Zeit in ihrem Mobilitätsverhalten an den amerikanischen Durchschnitt anpassen. Für Migranten in Kalifornien belegen dies etwa Blumenberg und Song (2008).

Eine Übertragung auf Deutschland mit einer abweichenden Raumstruktur, häufig besseren Alternativen zum MIV und einer anderen Mobilitätskultur erscheint jedoch problematisch. Tatsächlich deuten erste Auswertungen darauf hin, dass in Deutschland Bürger mit Migrationshintergrund ein anderes Mobilitätsverhalten zeigen (Kasper et al. 2007). Genauere Aussagen sind gegenwärtig noch nicht möglich, weil die bestehenden Verkehrserhebungen das Thema Migrationshintergrund meist nicht oder zu oberflächlich adressieren – durchaus aufgrund methodischer Erwägungen, um zusätzlichen Non Response oder auch zusätzliche Kosten bei der Rekrutierung zu vermeiden. Aus demographischen Gründen wird jedoch der Anteil an Bürgern mit Migrationshintergrund in Deutschland in Zukunft weiter wachsen. Die Annahme eines weitgehend angepassten Mobilitätsverhaltens von Migranten kann sich daher als ein wunder Punkt von Nachfrageprognosen erweisen – zukünftige Erhebungen sollten sich somit verstärkt diesem Problem widmen.

Als zweites Selektivitätsproblem bei Tagebucherhebungen ist die Korrelation zwischen zentralen Lebensereignissen und dem Ausscheiden aus einer Panelerhebung zwischen zwei Jahren zu nennen: Wer beispielsweise umzieht oder eine Familie gründet, hat oft wichtigeres zu tun, als wiederholt an einer Befragung teilzunehmen. Es kann also davon ausgegangen werden, dass zentrale Lebensereignisse im Mobilitätspanel unterrepräsentiert sind – dies führt zumindest zu einer verminderten Stichprobe bei diesen Ereignissen und erschwert damit die Auswertungen.

Das dritte Problem tritt bei hochbetagten Menschen auf: Bettlägerige oder demenzkranke Personen nehmen nicht an einer Verkehrserhebung teil, während ältere Menschen mit niedriger Mobilität ihre Teilnahme an Erhebungen häufig als überflüssig empfinden, weil sie ihr Verhalten für unerheblich halten. In der Erhebung verbleiben schließlich jene Hochbetagten, die für ihr Alter noch sehr mobil sind. Verkehrserhebungen mit normalem Design überschätzen somit die Mobilität Hochbetagter – das tatsächliche Verhalten dieser Gruppe müsste mit einer eigenen Studie und einem speziell zugeschnittenen Erhebungsdesign untersucht werden.

Die genannten Probleme sollten bei der Interpretation der Ergebnisse berücksichtigt werden – auf das Thema Immobilität von Hochbetagten geht auch der Abschnitt 6.3.2 nochmals ein. Vor der Untersuchung einzelner Lebensabschnitte bietet es sich jedoch an, erst einmal deskriptiv die Veränderung verschiedener Mobilitätsindikatoren über den gesamten Lebenslauf in wiederholten Querschnitten zu betrachten, um die Lebensabschnitte zu identifizieren, die einer genaueren Untersuchung bedürfen.

3 Verkehrsnachfrage im wiederholten Querschnitt

In Abschnitt 2.4 konnte gezeigt werden, dass die Verkehrsnachfrage zwar über das Lebensalter erheblich variiert, dass diese Varianz alleine aber nicht den Anstieg der Nachfrage in den vergangenen Jahrzehnten erklärt. Diese Erkenntnis wirft eine zentrale Frage auf: Fällt diese Veränderung in allen Altersklassen sowie für Frauen und Männer identisch aus? Oder gibt es einzelne Treiber des Wachstums, während in anderen Segmenten Stagnation oder gar Rückgang stattgefunden haben?

In diesem Kapitel soll für verschiedene Eckwerte der Verkehrsnachfrage untersucht werden, wie sich Verkehrsverhalten nach Alter und Geschlecht unterscheidet und wie sich dieses Verhalten in der Vergangenheit geändert hat: Im ersten Abschnitt für die Verkehrsleistung, im zweiten Abschnitt für das Verkehrsaufkommen, und im dritten Abschnitt für die Pkw-Verfügbarkeit und –nutzung. Dabei soll für die weitere Untersuchung und Modellierung geklärt werden, welche Segmente und Aspekte besonderer Beachtung bedürfen.

Für eine derartige Untersuchung der Eckwerte der Verkehrsnachfrage scheint neben einer Differenzierung nach Alter eine Klassierung nach Geschlecht sinnvoll, da sich einerseits die Lebenssituationen in den Altersklassen, andererseits aber auch die Sozialisationsbedingungen von Männern und Frauen erheblich unterscheiden können. Aus Gründen der Anschaulichkeit beschränken sich einige der folgenden Auswertungen auf die KONTIV 1982 und die MiD 2002. Diese beiden Erhebungen liegen genau zwei Jahrzehnte auseinander, was die visuelle Vergleichbarkeit erleichtert. Aus Gründen der Konsistenz fungiert bei den KONTIV-Vergleichen jeweils die westdeutsche Wohnbevölkerung als Grundgesamtheit.

3.1 Verkehrsleistung

Fernreisen sind wie in Kapitel 2.5.3 beschrieben seltene Ereignisse, nur 1.3 % aller Wege sind länger als 100 km. Gerade bei feiner Klassierung nach Alter und Geschlecht kann eine zufällige Häufung insbesondere langer Fernreisen jedoch die Werte der Verkehrsleistung verzerren. Daher werden in diesem Abschnitt in den KONTIVs nur Wege unter 100 km betrachtet – um gleichzeitig eine Vorstellung über das Segment Fernverkehr zu gewinnen, wird außerdem das INVERMO-Screening ausgewertet.

Abbildung 5 beschreibt die Entwicklung der Kilometer pro Person und Tag bei Männern über alle Verkehrsmittel ohne Fernreisen. Die Kurven für 1982 und 2002 unterscheiden sich im Verlauf kaum, das Niveau liegt 2002 in einigen Altersklassen jedoch ein wenig höher. In beiden Jahren zu erkennen ist ein deutlicher Anstieg der Mobilität mit Volljährigkeit, anschließend verharrt die Verkehrsnachfrage mehrere Jahrzehnte auf ähnlichem Niveau, ehe sie im sechsten Lebensjahrzehnt langsam wieder fällt. Unabhängig vom Beobachtungsjahr scheinen bei Männern somit Änderungen der Nachfrage besonders in zwei Lebensphasen einzutreten: Mit der Volljährigkeit und gegen Ende der Berufstätigkeit. Daher sollten die Auswirkungen von Führerscheinerwerb und Renteneintritt bei Männern noch genauer untersucht werden, dies geschieht in Abschnitt 4.3.

Daneben fällt im Datensatz 2002 bei den Hochbetagten ein erneuter Anstieg der Mobilität auf – dieser ist vermutlich methodisch bedingt. Denkbar ist beispielsweise, dass viele Hochbetagte mit geringer Mobilität ihr Verhalten nicht mehr für maßgeblich halten und deshalb nicht an der Erhebung teilnehmen. Möglich ist außerdem, dass bei der hauptsächlich telefonisch durchgeführten Erhebung 2002 gerade bei den Hochbetagten gezielter nachgefragt wurde oder auch die Mitteilungsbereitschaft in dieser Gruppe höher war als bei niedrigeren Altersklassen. Es sollte daher bei der Modellierung berücksichtigt werden, dass Personen jenseits der 80 Jahre mit den vorhandenen Datenquellen nur schwer dargestellt werden können.

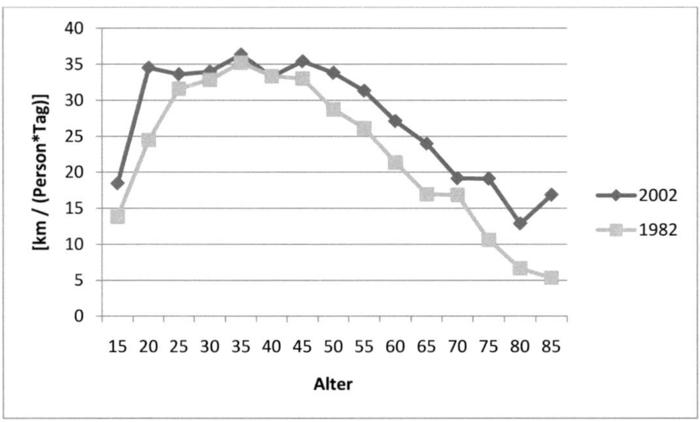

Abbildung 5: Kilometer pro Person und Tag ohne Fernreisen über 100 km bei Männern. Datenquellen: KONTIV 1982, MiD 2002

Auch bei Frauen nimmt die Kurve 2002 einen ähnlichen Verlauf wie 1982 an (Abbildung 6), das Niveau liegt 2002 jedoch ein erhebliches Stück höher. Zumindest in einigen Altersklassen kann als eine Erklärung für die höhere Verkehrsnachfrage ein gestiegener Anteil Erwerbstätiger vermutet werden. Ebenso wie bei den Männern kann bei den Frauen mit der Volljährigkeit ein massiver Anstieg der Mobilität beobachtet werden, es wird jedoch nur ein kurzes Plateau erreicht, ehe die durchschnittliche Nachfrage bereits ab 30 Lebensjahren wieder sinkt. Da es sich um Mittelwerte eines Bevölkerungsquerschnitts handelt, bietet sich als Erklärung hier die Familiengründung einzelner Probanden an: Falls durch die Geburt eigener Kinder die zurückgelegten Kilometer sinken, so tritt dieser Effekt nur bei wenigen Zwanzigjährigen auf, mit zunehmendem Alter steigt jedoch der Anteil Mütter im Querschnitt der Bevölkerung. Neben dem Führerscheinerwerb sollte bei Frauen somit genauer untersucht werden, wie sich die Familiengründung auf die Verkehrsnachfrage auswirkt.

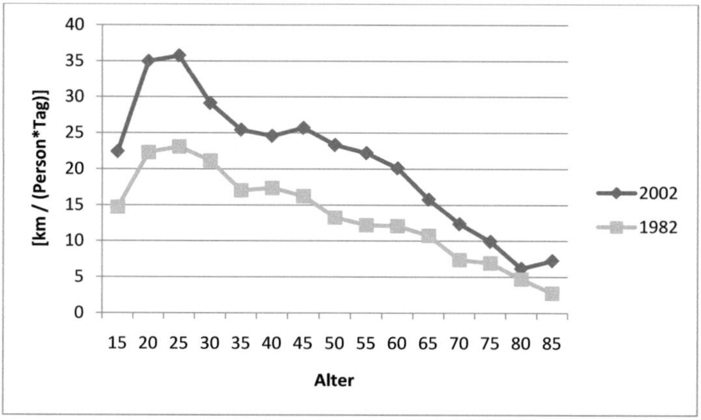

Abbildung 6: Kilometer pro Person und Tag ohne Fernreisen über 100 km bei Frauen. Datenquellen: KONTIV 1976, MiD 2002

Beschränkt man die Untersuchung lediglich auf Kilometer, die mit dem Pkw zurückgelegt werden, so ist der Verlauf jeweils ähnlich wie in Abbildung 5 und Abbildung 6, die Kurven liegen lediglich einige Kilometer pro Person und Tag niedriger als bei der Kilometerzahl über alle Verkehrsmittel. Auf eine eigene Visualisierung in Diagrammen wird daher verzichtet (siehe hierzu Hivert et al. 2008).

Abbildung 7 beschreibt die zurückgelegten Fernverkehrs-Kilometer im Laufe eines Jahres für Männer im INVERMO-Screening, aufgeteilt in alle Verkehrsmittel und in Pkw-Reisen. Abbildung 8 liefert dieselbe Darstellung für Frauen.

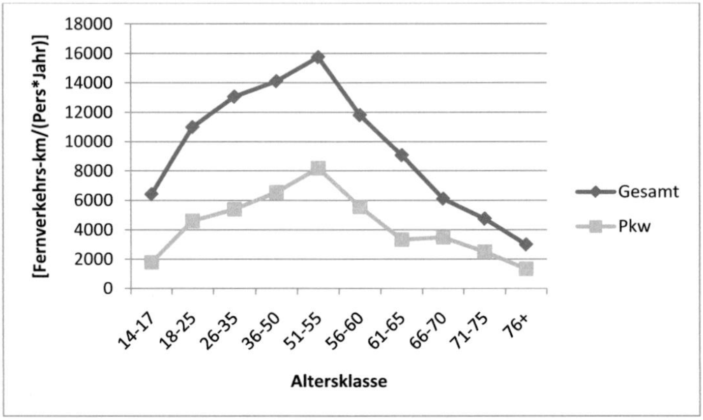

Abbildung 7: Kilometer pro Person und Jahr von Männern bei Wegen über 100 km. Datenquelle: INVERMO-Screening

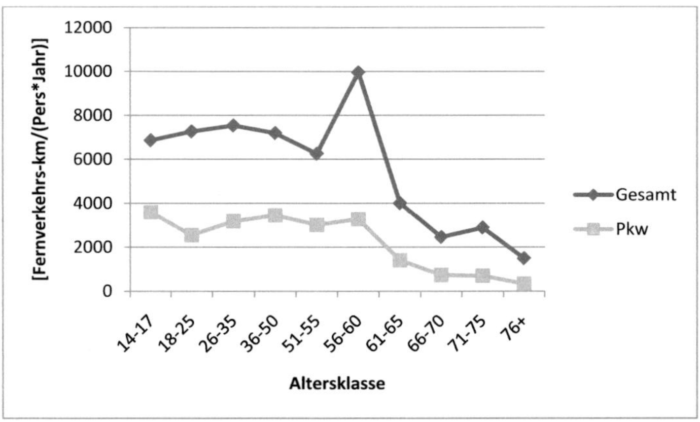

Abbildung 8: Kilometer pro Person und Jahr von Frauen bei Wegen über 100 km. Datenquelle: INVERMO-Screening

Auffallend ist der starke Alterseffekt bei Männern, im Gegensatz zur Alltagsmobilität findet die höchste Mobilität im Fernverkehr in der Altersklasse Anfang 50 statt, zu einem Zeitpunkt also, in dem die durchschnittlichen Kilometerzahlen in der Alltagsmobilität schon wieder sinken. Schon mit Ende 50 nimmt die Aktivität im Fernverkehr jedoch wieder deutlich ab. Bei Frauen findet genau in dieser Klasse die höchste Aktivität im Fernverkehr statt, auch hier zu einem Zeitpunkt in den Lebensläufen, zu dem die Alltagsmobilität bereits reduziert wurde. Im Gegensatz zu den Männern kann bei Frauen keine sonderliche Varianz über die jüngeren Altersklassen beobachtet werden.

Vor dem Hintergrund einer alternden Gesellschaft sind somit im Segment des Fernverkehrs in den kommenden Jahren erhebliche Verschiebungen zu erwarten. Weil die Fernverkehrs-Daten nur einen kurzen Zeitraum abdecken und somit keine Panel- oder Pseudo-Panel Auswertungen zulassen, sind eine Untersuchung der Entwicklung sowie eine Trennung der Alters- und Kohorteneffekte zurzeit noch nicht möglich. Weitere Erhebungswellen würden hier wichtige Erkenntnisse zur Entwicklung der Fernverkehrsmobilität ermöglichen.

3.2 Verkehrsaufkommen

Im Gegensatz zu den zurückgelegten Kilometern geht der Vergleich der Wegezahlen unabhängig von ihrer Länge mit methodischen Schwierigkeiten einher: Gerade kurze Wege, beispielsweise zum Bäcker oder zum Zigarettenautomaten, können abhängig von der Art der Befragung häufig vergessen werden. Ebenso ist es zu einem gewissen Grad Willkür, ob Wege mit mehreren Zielen aufgespalten oder zusammengefasst werden. Dies gilt etwa für Einkaufstouren, bei denen mehrere Geschäfte angesteuert werden. Wie dies beantwortet wird, hängt erheblich von der Erhebungsmethodik ab. Die Ergebnisse der KONTIV 1982 und der MiD 2002 sollten daher nur über den Verlauf, weniger jedoch über die Absolutwerte verglichen werden. Unter dieser Voraussetzung liefert Abbildung 9 einige Erkenntnisse über die Verkehrsentstehung:

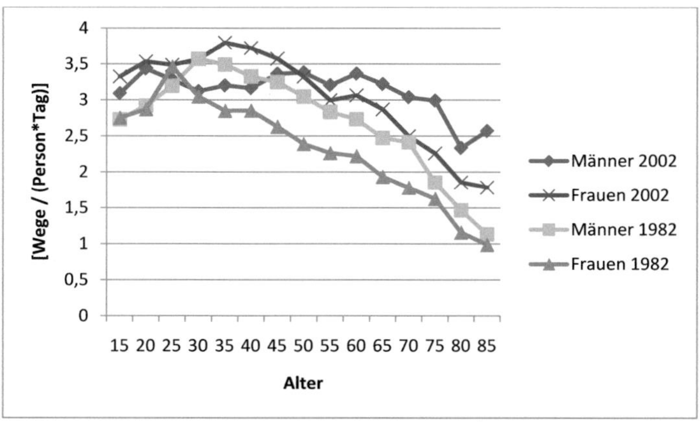

Abbildung 9: Wege pro Person und Tag bei Frauen und Männer ohne Fernreisen über 100 km. Datenquellen: KONTIV 1982, MiD 2002

Zuerst einmal können mit der Volljährigkeit deutlich schwächere Alterseffekte beobachtet werden als bei der Verkehrsleistung. Im höheren Alter nimmt dafür in beiden Wellen bei Männern und Frauen die Wegezahl ab. Während bei der Kilometerzahl der Frauen (Abbildung 6) ein Rückgang bereits in jungen Jahren beobachtet werden kann, steigt die Wegezahl in der Welle 2002 bei den Frauen zwischen 30 und 40 deutlich an und liegt sogar über der Kurve der Männer. Dieser Effekt der vielen kurzen Wege, vermutlich im Zuge der Familienbetreuung, kann auch 1982 beobachtet werden, hier findet er jedoch bereits mit Ende 20 statt.

Die Aufteilung der Wege pro Person und Tag nach Zweck befindet sich in Abbildung 10 für Männer und Abbildung 11 für Frauen. Datengrundlage bildet die MiD 2002, aus den oben genannten methodischen Gründen scheint ein Vergleich mit der KONTIV 1982 gerade beim Wegzweck nicht zulässig. Arbeits- und Ausbildungswege finden wenig überraschend in den zugehörigen Lebensphasen statt. Einkaufs- und Freizeitwege weisen über die Altersklassen eine erhebliche Varianz auf, bemerkenswert ist dabei besonders der Anstieg der Freizeitwege bei den sechzigjährigen Frauen und Männern. Der Versuch der analytischen Trennung dieser Varianz in Alters- und Kohorteneffekte bei Einkaufs- und Freizeitwegen findet im Anwendungsfall in Abschnitt 6.3.4 statt.

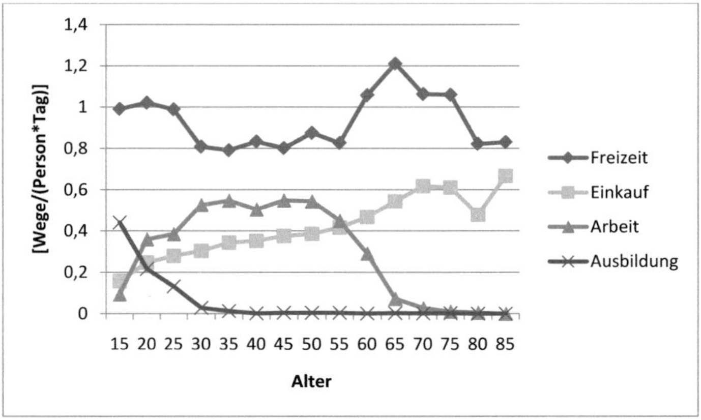

Abbildung 10: Wege pro Person und Tag nach Zweck bei Männern (ohne Fernreisen über 100 km). Datenquelle: MiD 2002

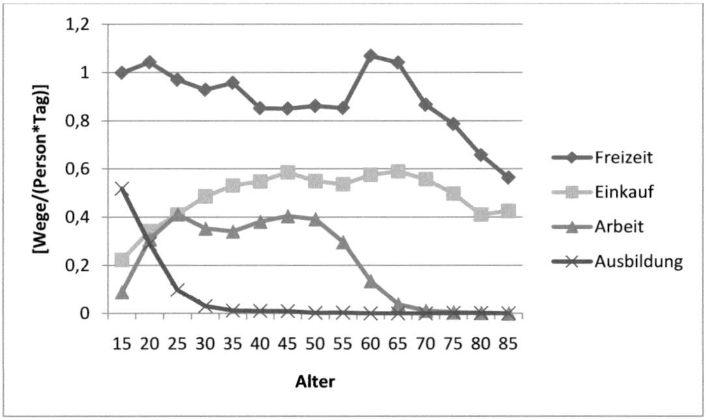

Abbildung 11: Wege pro Person und Tag nach Zweck bei Frauen (ohne Fernreisen über 100 km). Datenquelle: MiD 2002

3.3 Pkw-Verfügbarkeit und Pkw-Nutzung

Besonders bei der Verkehrsmittelwahl haben in den vergangenen Jahrzehnten massive Verschiebungen innerhalb der Altersklassen stattgefunden, diese Entwicklung wird voraussichtlich noch einige Jahre anhalten. Ein Hauptgrund liegt hier in den veränderten Führerscheinzahlen und Pkw-Verfügbarkeiten in den verschiedenen Altersklassen. Abbildung 12 zeigt, wie sich die Größen Führerscheinbesitz und Pkw-Verfügbarkeit bei Frauen zwischen 1982 und 2002 entwickelt haben.

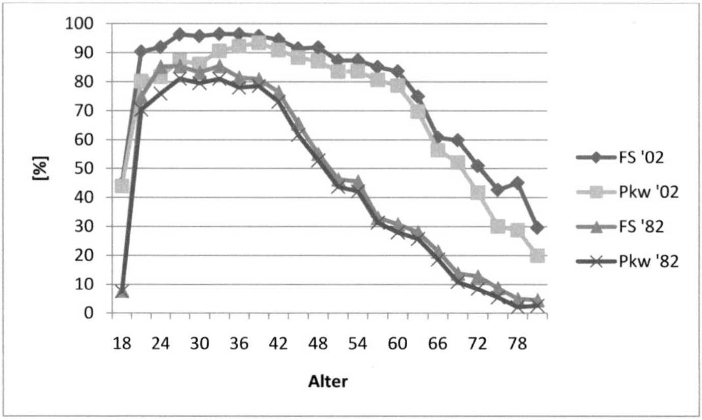

Abbildung 12: Anteil Frauen mit Führerschein (FS) und Pkw-Verfügbarkeit (Pkw). Datenquellen: KONTIV 1982, MiD 2002. Definition Pkw-Verfügbarkeit s. S. 6.

Die Pkw-Verfügbarkeit wird bei vielen Frauen nicht durch den mangelnden Pkw im Haushalt beschränkt, sondern durch das Nichtvorhandensein des Führerscheins, wie sich am sehr ähnlichen Verlauf der Führerschein- und Pkw-Verfügbarkeitskurven zeigt. Die beiden Erhebungswellen liegen 20 Jahre auseinander und lassen sich damit visuell gut vergleichen. In der Tat kann die Kurve 2002 recht gut dadurch ermittelt werden, indem man die Kurve von 1982 um 20 Jahre parallel nach rechts verschiebt – damit werden identische Kohorten verglichen. Ein wenig höher liegt die Kurve 2002 gleichwohl, was darauf zurückzuführen sein kann, dass einzelne Personen auch im höheren Alter noch den Führerschein machen.

Tatsächlich kann der vereinzelte Führerscheinerwerb im höheren Alter im Mobilitätspanel beobachtet werden, siehe hierzu Abschnitt 4.3.1. Verschiebt man nun die Kurve weitere 10 bis 20 Jahre in die Zukunft, so ergibt sich der häufig postulierte Zustand, dass auch die Rentnerinnen zukünftig zumeist einen Führerschein haben – abgesehen von einigen Ausnahmen ohne Führerschein, die es in allen Altersklassen gibt. Wie wichtig die Berücksichtigung dieser Entwicklung ist, wird sich bei der analytischen Trennung der Alters- und Kohorteneffekte bei der Verkehrsleistung in Abschnitt 5.4 zeigen.

Bei den Männern hat die Konvergenz der Pkw-Verfügbarkeit schon früher stattgefunden, nur in den hohen Altersklassen kann noch ein erheblicher Unterschied zwischen den Führerscheinzahlen 1982 und 2002 beobachtet werden; vergleichbares kann über die Pkw-Verfügbarkeit gesagt werden (siehe Hivert et al. 2008).

Im Deutschen Mobilitätspanel kann gezeigt werden, dass der Aufholprozess der Rentner auch in der jüngsten Vergangenheit stattgefunden hat. Dabei lässt sich gleichzeitig bei jungen Männern beobachten, dass Führerscheinzahlen und Pkw-Verfügbarkeit in den letzten Jahren leicht rückläufig waren (Hivert et al. 2008; Zumkeller et al. 2006). Modelle sollten also nicht von der Annahme ausgehen, dass ein einmal erreichtes Niveau der Pkw-Verfügbarkeit in aller Zukunft nicht mehr unterschritten werden kann – dies gilt insbesondere in den jungen Altersklassen.

Ein Problem bei der vorliegenden Definition der Pkw-Verfügbarkeit ist das Vorhandensein eines Pkws im Haushalt, unabhängig von der Frage, ob dieser mit anderen Haushaltsmitgliedern geteilt wird oder vielleicht sogar exklusiv von anderen Haushaltsmitgliedern genutzt wird und der betrachteten Person gar nicht zur Verfügung steht. Das Mobilitätspanel bietet hier aufgrund der Erhebung einer Woche weitere Erkenntnisse, wie weit Pkw-Verfügbarkeit und Pkw-Nutzung tatsächlich zusammen hängen. Abbildung 13 vergleicht die Pkw-Verfügbarkeit nach obiger Definition mit der Pkw-Nutzung als Selbstfahrer während einer Erhebungswoche für Männer, Abbildung 14 dasselbe für Frauen. Pkw-Nutzer sind hier und im Folgenden definiert als Personen mit mindestens einem Weg mit dem Pkw als Selbstfahrer innerhalb der Erhebungswoche, unabhängig von Zweck und Länge.

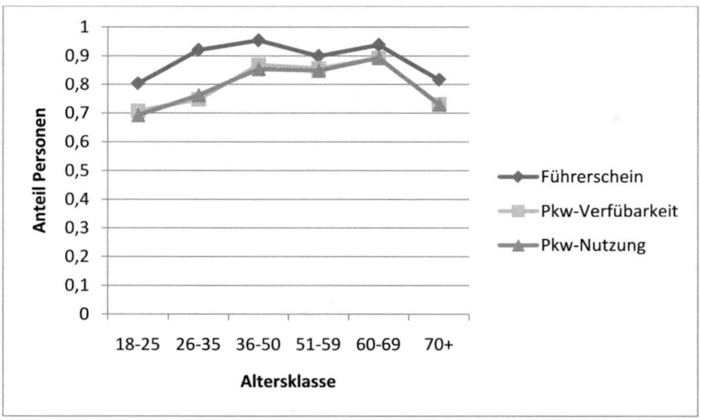

Abbildung 13: Männer mit Führerschein, Pkw-Verfügbarkeit und Pkw-Nutzung innerhalb einer Woche. Datenquelle: MOP 2005-2007. Definition Pkw-Verfügbarkeit s. S. 6.

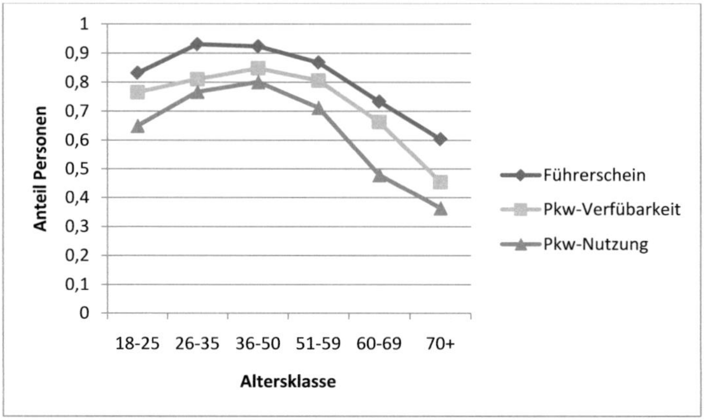

Abbildung 14: Frauen mit Führerschein, Pkw-Verfügbarkeit und Pkw-Nutzung innerhalb einer Woche. Datenquelle: MOP 2005-2007. Definition Pkw-Verfügbarkeit s. S. 6.

Bei Männern liegen die Pkw-Verfügbarkeit und -nutzung in allen Altersklassen praktisch aufeinander, Männer nutzen also in den meisten Fällen einen Pkw im Haushalt, wenn sie den Führerschein besitzen. Anscheinend kann man bei der Modellierung kaum einen Fehler begehen, wenn man bei Männern die Pkw-Verfügbarkeit mit der Pkw-Nutzung gleichsetzt.

Insbesondere bei den jüngeren und älteren Frauen kann dagegen eine gewisse Kluft zwischen Pkw-Verfügbarkeit und Pkw-Nutzung festgestellt werden: Hier scheint der Pkw in einigen Fällen exklusiv von anderen Haushaltsmitgliedern genutzt zu werden, bei den jüngeren Personen vermutlich von den Eltern, bei den älteren Personen vermutlich vom Lebensgefährten. Gleichwohl unterscheiden sich Frauen mit Führerschein und einem Pkw im Haushalt, den sie selber nicht nutzen, von Frauen ohne Pkw im Haushalt, da eine regelmäßige Mitfahrgelegenheit vorliegt. Fällt der Hauptnutzer des Pkws im Haushalt aus, so kann ferner davon ausgegangen werden, dass entweder die Frauen nun die Rolle als Pkw-Nutzer übernehmen, oder das Fahrzeug nicht mehr genutzt und somit abgeschafft wird. Unterstellt man also, dass ein vorhandener Pkw vom Haushalt tatsächlich genutzt wird, so beeinflusst er zumindest indirekt die Haushaltsmitglieder mit Führerschein.

Da ohnehin bei Frauen mittlerer Altersklassen nur eine unbedeutende Lücke zwischen Pkw-Verfügbarkeit und –nutzung auftritt, sind auch hier in den kommenden Jahrzehnten Entwicklungen zu vermuten, die insgesamt zu einem schwindenden Unterschied zwischen Pkw-Nutzung und Pkw-Verfügbarkeit bei den Seniorinnen führen könnten, wenn die heute Mittelalten in diese Klasse vorstoßen. Ein Vergleich der frühen und aktuellen Paneljahre unterstützt diese Vermutung: In Abbildung 15 ist die

Pkw-Nutzung innerhalb einer Woche bei Männern aufgetragen, Abbildung 16 liefert dieselbe Darstellung für Frauen. Tatsächlich ist die Pkw-Nutzung bei älteren Frauen und Männern in den knapp zehn Jahren gestiegen, auffallend ist jedoch gleichzeitig der Rückgang der Pkw-Nutzung bei jüngeren Frauen und Männern.

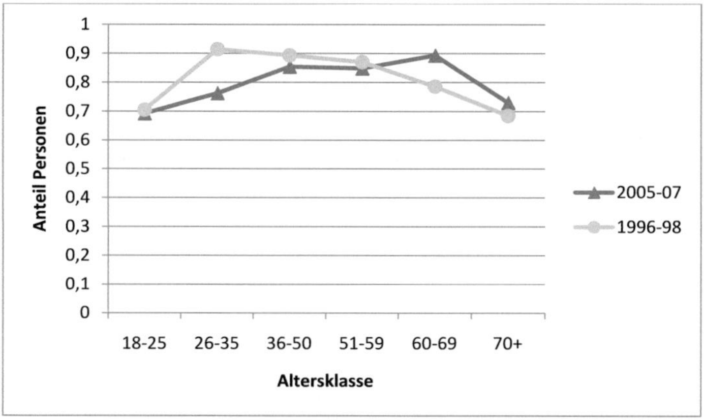

Abbildung 15: Entwicklung des Anteils Männer mit Pkw-Nutzung innerhalb einer Woche. Datenquellen: MOP 1996-1998 und 2005-2007.

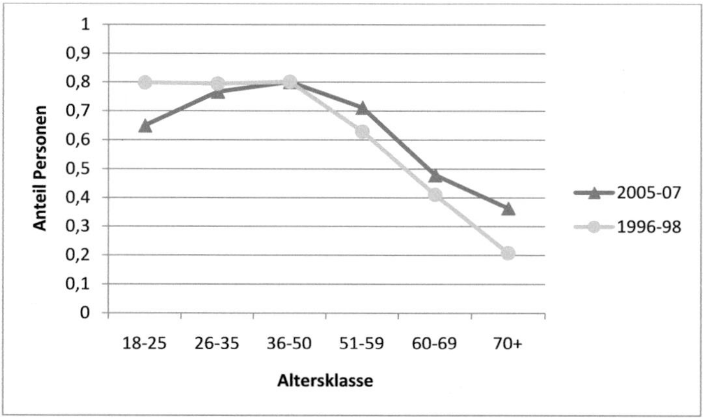

Abbildung 16: Entwicklung des Anteils Frauen mit Pkw-Nutzung innerhalb einer Woche. Datenquellen: MOP 1996-1998 und 2005-2007.

Die Ergebnisse dieses Kapitels zeigen: Nicht nur das Verhalten variiert nach Alter und Geschlecht für verschiedene Eckwerte der Verkehrsnachfrage, sondern auch die Verhaltensänderungen über die Zeit fallen unterschiedlich stark aus: Bei Frauen haben in den letzten Jahrzehnten größere Veränderungen stattgefunden, während bei den Männern in einigen Altersklassen Stagnation feststellbar ist, in manchen Klassen sogar ein leichter Rückgang. Zu nennen sind hier etwa die Pkw-Verfügbarkeit und Pkw-Nutzung der Führerscheinneulinge – hier konnten sowohl bei Frauen als auch bei Männern in den letzten Jahren Rückgänge beobachtet werden.

Alter ist stark korreliert mit Lebenssituation. Die deskriptiven Auswertungen legen nahe, dass insbesondere der Führerscheinerwerb, die Familiengründung und der Renteneintritt Wirkungen auf die Verkehrsnachfrage ausüben. Das folgende Kapitel beschäftigt sich daher mit der Frage, wie die Verkehrsnachfrage von der Lebenssituation und dem Wechsel der Lebenssituation abhängt.

4 Mobilitätsbiographien

Menschen durchlaufen verschiedene Lebensphasen wie Ausbildung, Berufseinstieg oder Familiengründung – mit dem Wechsel der Lebensphase ändern sich gleichzeitig Pflichtaktivitäten und weitere Rahmenbedingungen der Mobilität. Falls diese Einflüsse hinreichend stark sein sollten, so könnten sie auch zur Vorhersage zukünftiger Verkehrsnachfrage eingesetzt werden. Interessant ist hier einerseits die Frage, wie das Mobilitätsverhalten in bestimmten Lebenssituationen ausfällt, und zweitens die Frage, wie Übergänge zwischen verschiedenen Lebenssituationen ablaufen.

Für derartige Auswertungen sind statistische Tests hilfreich – der erste Abschnitt dieses Kapitels beschäftigt sich mit derartigen Testverfahren und ihren impliziten Annahmen. Im zweiten Abschnitt wird diskutiert, wie sich Mobilität in Querschnitten verschiedener Lebenssituationen unterscheidet. Abschnitt drei beschäftigt sich mit den Übergängen zwischen wichtigen Lebensphasen, in Abschnitt vier wird vertieft auf die wichtige Gruppe der Älteren eingegangen. Den Abschluss bildet eine Diskussion über die Verwendbarkeit der Erkenntnisse in der Verkehrsnachfragemodellierung.

4.1 Statistische Testverfahren

Statistische Testverfahren prüfen anhand der vorliegenden Daten die Zulässigkeit von Hypothesen (siehe etwa Bol 1999; Lavery 2004). Geprüft werden kann beispielsweise, ob die Mittelwerte zweier Verteilungen unterschiedlich sind. Im Test wird eine Nullhypothese aufgestellt, als logisches Gegenteil ergibt sich daraus die Gegenhypothese. Zum Beispiel:

- Nullhypothese: Die durchschnittliche Verkehrsleistung der Rentner und der Berufstätigen sind gleich.
- Daraus ergibt sich die Gegenhypothese: Die durchschnittliche Verkehrsleistung der Rentner und Berufstätigen unterscheiden sich.

Statistische Testverfahren können keine Gewissheit schaffen, sondern nur Aussagen mit hoher Wahrscheinlichkeit treffen. Dabei bestehen zwei Möglichkeiten sich zu irren: Die Nullhypothese wird abgelehnt, obwohl sie richtig ist (Fehler 1. Art), oder die Nullhypothese kann nicht abgelehnt werden, obwohl sie falsch ist (Fehler 2. Art).

Es stellt einen Zielkonflikt dar, beide Fehler gleichzeitig minimieren zu wollen. Daher wird für den Fehler 1. Art eine maximal zulässige Irrtums-Wahrscheinlichkeit festgelegt (Konfidenzintervall, oft mit α bezeichnet), anschließend wird der Test so aufg ebaut, dass der Fehler 2. Art minimiert wird. Die Wahl des richtigen Konfidenzintervalls hängt unter anderem davon ab, wie gravierend ein Fehler 1. Art wirkt. Bei der Analyse schwerwiegender Medikamenten-Nebenwirkungen sind sicherlich deutlich strengere Maßstäbe anzulegen als bei der Abschätzung zukünftiger Verkehrsnachfrage.

Eine Variante des Konfidenzniveaus ist der p-Wert: Er gibt genau das Konfidenzniveau an, bei dem die Nullhypothese gerade noch abgelehnt würde. Tests mit einem niedrigen p-Wert werden häufig als signifikant, mit einem hohen p-Wert als nichtsignifikant bezeichnet. Ist ein Test signifikant, kann mit der Sicherheit des Konfidenzniveaus auf die Gültigkeit der Gegenhypothese geschlossen werden. Ist umgekehrt der Test nicht signifikant, kann jedoch nicht zwingend auf die Gültigkeit der Nullhypothese geschlossen werden – dies ergibt sich aus obigem Aufbau des Tests.

Tatsächlich kann bei einem nichtsignifikanten Test die Gegenhypothese dennoch gültig sein, daher sollte stets eine gewisse Aufmerksamkeit auch auf nicht signifikante Ergebnisse gelegt werden. Besonders bei kleinen Stichproben ist es oft schwierig, die Signifikanz von Parametern nachzuweisen – gerade die hier untersuchten zentralen Lebensereignisse sind tendenziell selten, weshalb die Stichproben meist klein sind.

Zwei im Folgenden verwendete Testverfahren beruhen auf der t-Verteilung sowie der Chi-Quadrat-Verteilung (siehe hierzu etwa Bol 1998; Hartung 2005). Implizit wird für diese Tests angenommen, dass die geprüften Zufallsvariablen näherungsweise einer Normalverteilung unterliegen.

Im Folgenden werden im Mobilitätspanel Tests sowohl auf dem Schnitt einer Woche von Mobilitätskennziffern durchgeführt (im Folgenden Fall 1), als auch auf Differenzen dieser Wochenwerte über zwei Beobachtungsjahre (im Folgenden Fall 2). Es werden also in Fall 1 beispielsweise die Kilometer pro Person und Tag untersucht, wohingegen in Fall 2 die Differenz der Kilometer pro Person und Tag zwischen Beobachtungsjahr 2 und Beobachtungsjahr 1 betrachtet werden.

Um auf diesen Größen t-Tests und Chi-Quadrat-Tests durchführen zu können, sollten sie hinreichend genau einer Normalverteilung unterliegen, oder die Unterstichprobe sehr groß sein. Da zumindest einige der untersuchten Unterstichproben recht klein sind, sollte hier kurz diskutiert werden, ob diese Normalverteilungsannahme zulässig ist.

Abbildung 17 beschreibt beispielhaft die Verteilung der Kilometer pro Person und Tag, also einer Variable des Falles 1. Abbildung 18 zeichnet die Differenzen der Wege pro Person und Tag bei derselben Person zwischen zwei Erhebungsjahren, also einer Größe des Falles 2. Die Balken repräsentieren dabei jeweils die empirische

Verteilung in geeigneter Klassierung, während die Linien eine theoretische Normalverteilung mit Varianz und Mittelwert der empirischen Verteilung zeichnen.

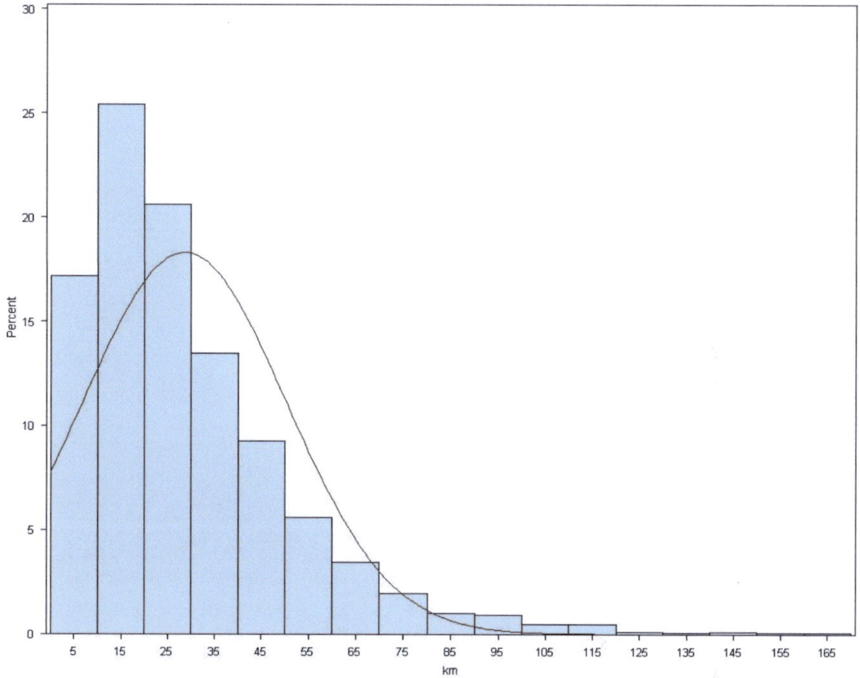

Abbildung 17: Empirische Verteilung der Kilometer pro Person und Tag (ohne Fernreisen über 100 km) und theoretische Normalverteilung. Datenquelle: MOP 1994 – 2007

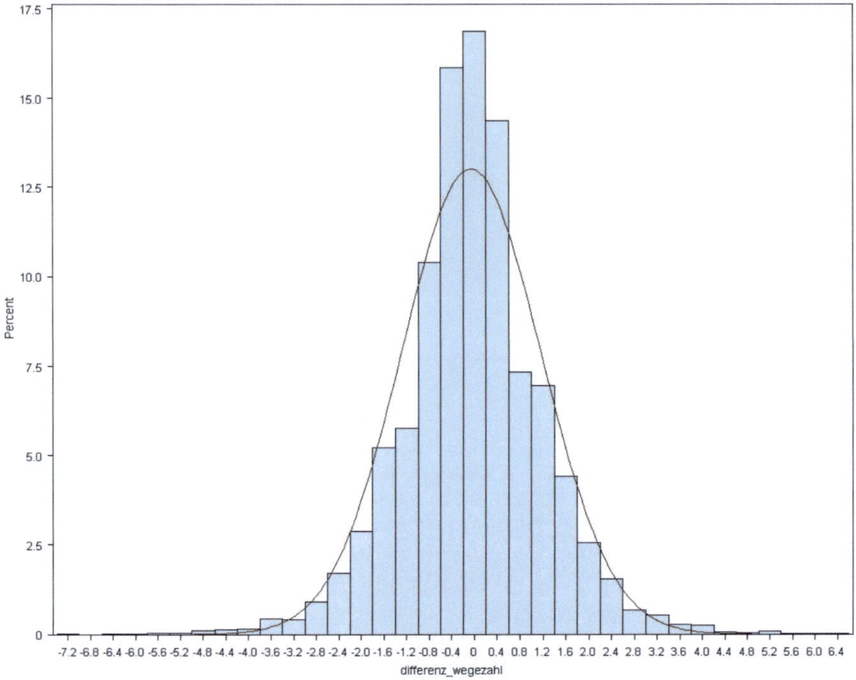

Abbildung 18: Empirische Verteilung der individuellen Differenzen der Wege pro Person und Tag (ohne Fernreisen über 100 km) zwischen zwei Jahren und theoretische Normalverteilung. Datenquelle: MOP 1994 – 2007

Nach dem Augenschein passt für die Differenz der Wege die Normalverteilungsannahme sehr gut, während die Kilometerzahl zwar gewisse Ähnlichkeit aufweist, aber im Vergleich zur Normalverteilung rechtsschief ist. Ein gängiger Test auf Normalverteilung leitet sich von der Kolmogorov-Smirnov Statistik ab, die Nullhypothese lautet hier, dass die empirische Verteilung der Normalverteilung entspricht. Für die Verteilung in Abbildung 17 ergibt sich eine Teststatistik von 0.1088, was einem p-Wert unter 0.01 entspricht. Selbst für die Verteilung in Abbildung 18 ergibt sich eine Teststatistik von 0.067, was zu einem p-Wert unter 0.01 führt. Die Hypothese der exakten Normalverteilung kann also mit hoher Wahrscheinlichkeit in beiden Fällen abgelehnt werden.

Der Kolmogorov-Smirnov-Test ist jedoch derart streng, dass er bei empirischen Verteilungen nur sehr selten eine Normalverteilung feststellt. Für die praktische Anwendung ist der Kolmogorov-Smirnov-Test somit nicht geeignet, ohnehin ist für die t-

Tests und Chi-Quadrat-Tests nur eine näherungsweise Normalverteilung nötig. Als geeigneteres Kriterium schlagen Douglass und Douglass (2004) daher die Shapiro-Wilk-Statistik vor: Diese Statistik beschreibt eine Art Korrelation zwischen der empirischen Verteilung und einer theoretischen Normalverteilung. Bei perfekter Korrelation liegt dieser Wert bei 100 %, für Hypothesentests seien laut Douglass jedoch schon 90 % hinreichend. Tabelle 5 listet die Shapiro-Wilk Statistik für wichtige Mobilitätskenngrößen in Fall 1 auf, Tabelle 6 für Fall 2. Dabei ist zu beachten, dass die verwendete Statistiksoftware SAS nur für Datensätze bis 2.000 Beobachtungen diese Statistik berechnet, daher mussten durch zufälliges Ziehen 2.000 Beobachtungen ausgewählt werden.

Durchschnittliche Kennziffer über eine Woche	Shapiro-Wilk-Statistik
Wahrscheinlichkeit für Tag mit Wegen außer Haus	95 %
km pro Tag	87 %
Wege pro Tag	96 %
Pkw-km als Selbstfahrer pro Tag	79 %
Pkw-Wege als Selbstfahrer pro Tag	89 %
Mobilitäts-Minuten pro Tag	88 %
Anzahl Servicewege pro Tag	55 %

Tabelle 5: Shapiro-Wilk-Statistiken für die durchschnittlichen Kennziffern über eine Woche. Datenquelle: MOP 1994 – 2007

Differenz der Kennziffer zwischen zwei Jahren	Shapiro-Wilk-Statistik
Wahrscheinlichkeit für Tag mit Wegen außer Haus	86 %
km pro Tag	93 %
Wege pro Tag	98 %
Pkw-km als Selbstfahrer pro Tag	83 %
Pkw-Wege als Selbstfahrer pro Tag	91 %
Mobilitäts-Minuten pro Tag	96 %
Anzahl Servicewege pro Tag	80 %

Tabelle 6: Shapiro-Wilk-Statistiken für die Differenzen ausgewählter Mobilitätskennziffern zwischen zwei Jahren. Datenquelle: MOP 1994 – 2007

Insgesamt kommen die meisten Kenngrößen einer Normalverteilung hinreichend nahe, mit Ausnahme der Pkw-km und der Servicewege pro Person und Tag. Die Abweichung bei den Servicewegen überrascht nicht, da Servicewege im Regelfall entweder häufig auftreten (z. B. Schulweg des Kindes jeden Tag) oder gar nicht. Damit wird die Verteilung sehr schief und somit nicht mehr der Normalverteilung ähnlich. Im Folgenden werden daher keine statistischen Tests auf der Zahl der Servicewege durchgeführt. Die Abweichung bei den Pkw-km als Selbstfahrer in Fall 1 sollten bei den folgenden Interpretationen berücksichtigt werden.

Carpenter merkt an, dass der t-Test neben der Normalverteilungsannahme eine weitere Forderung an die Datensätze stellt: Bei Vergleichen der Mittelwerte zweier

Stichproben müssen die Varianzen der Mittelwerte in beiden Stichproben gleich sein. Diese Annahme ist kein Problem in den Tests bei Fall 2, da hier nur eine Kenngröße gegen Null getestet wird. Bei Fall 1 werden jedoch Mittelwerte aus verschiedenen Sub-Populationen miteinander verglichen, beispielsweise von Rentnern und Erwerbstätigen. Bei Verletzung der Annahme gleicher Varianzen könne beim t-Test auf Korrekturen nach dem Satterthwaite-Verfahren zurückgegriffen werden (Carpenter 2006). Dieses Verfahren wird im Folgenden verwendet, wenn die Varianzgleichheit nicht erfüllt ist.

4.2 Mobilität und Lebenssituation

Bereits mehrere Jahrzehnte reicht der Versuch zurück, Mobilität durch die Lebenssituation zumindest teilweise zu erklären. Schon in Abschnitt 2.4 erwähnt wurden Untersuchungen zu verhaltenshomogenen Gruppen. In den frühen Achtzigerjahren konstatierten Jones et al., dass primär Aktivitäten aufträten, während die Ortsveränderungen als Folge davon lediglich sekundär seien. Entsprechend versuchten die Autoren in Großbritannien, die Verkehrsnachfrage über Aktivitäten zu erklären und diese Aktivitäten wiederum in den Zusammenhang zur Lebenssituation zu stellen. Hierzu werden acht verschiedene Lebenssituationen definiert und ihr Einfluss auf Aktivitäten und somit die Verkehrsnachfrage diskutiert. Als Datenquelle werden einzelne Haushaltsbefragungen auf dem Lande in Großbritannien verwendet, die Auswertung ist weitgehend qualitativ (Jones et al. 1983).

Ebenfalls in den frühen Achtzigerjahren versucht Salomon, Lebensstil („Life Style“) und Mobilitätsverhalten in Beziehung zu setzen. Salomon clustert dazu einen Datensatz aus Baltimore, der jedoch keine Informationen auf Wegeebene enthält. Er schließt daher mit der Empfehlung, weitere Auswertungen sollten auf Wegetagebücher gestützt sein, um Aktivitätenketten und Lebensstil in Zusammenhang zu bringen (Salomon 1983).

Es gibt seitdem eine Fülle an Publikationen, die Zusammenhänge zwischen spezifischen Lebenssituationen und dem Mobilitätsverhalten untersuchen, diese beschränken sich jedoch weitgehend auf Querschnitts-Überlegungen in einer bestimmten Lebenssituation. Beispiele sind hier Untersuchungen zum Mobilitätsverhalten von Alleinerziehenden (Chlond & Ottmann 2007), zur Freizeitmobilität von Senioren in Deutschland (Föbker et al. 2003) oder zum Mobilitätsverhalten von Senioren in den Niederlanden (Tacken 1998). Weniger erforscht ist dagegen, wie sich das Verhalten bei Wechsel zwischen Lebenssituationen oder bei dauerhaftem Vorherrschen einer Lebenssituation im Längsschnitt verändert.

Für eine sinnvolle Betrachtung der Zusammenhänge zwischen Mobilität und Lebenssituation sollten Lebensereignisse ausgewählt werden, die tatsächlich eine Bedeutung für das Mobilitätsverhalten haben, und die gleichzeitig in den vorliegenden Datenquellen identifiziert werden können. Die Ergebnisse von Kapitel 3 deuten an, dass Führerscheinerwerb, Familiengründung und Renteneintritt hier eine Rolle spielen können. Bei einer abstrakteren Betrachtung können diese Ereignisse in Anlehnung an Lanzendorf (2003) und Scheiner (2007) den folgenden drei Klassen zugeordnet werden:

1. Zugang zu Verkehrsmitteln und Infrastruktur: Der Pkw-Zugang kann sich ändern, wenn man den Führerschein erwirbt oder Pkws im Haushalt an- oder abgeschafft werden. Der Zugang zur Infrastruktur dagegen ändert sich vornehmlich infolge von Umzügen, kann aber im Einzelfall auch durch Infrastrukturprojekte beeinflusst werden. Insbesondere der Zugang zu nichtmotorisierten Verkehrsmitteln kann darüber hinaus auch gesundheitsabhängig sein und sich infolge von Erkrankungen verschlechtern.
2. Familiensituation: Insbesondere Kinder und pflegebedürftige Angehörige können Tagesablauf sowie Mobilität erheblich beeinflussen. Dies betrifft beispielsweise Servicewege, also Begleitung dieser Familienangehörigen auf Wegen außer Haus. Ebenso kann eine erhöhte Zahl an Einkaufswegen oder die vorzeitige Rückkehr von anderen Aktivitäten zur Betreuung der Familienangehörigen erforderlich sein.
3. Berufssituation: Berufs- und Ausbildungswege gehören zu den wichtigsten Wegen im Alltag. Von der Lage des Arbeitsplatzes und dem Status der Erwerbstätigkeit (beispielsweise Auszubildender oder Rentner) hängt ein erheblicher Teil der Mobilität ab.

An den Beispielen wird deutlich, dass sich die verschiedenen Lebenssituationen untereinander beeinflussen können, beispielsweise können Familiengründung und eine Änderung in der Berufssituation (Unterbrechung der Erwerbstätigkeit) und im Mobilitäts-Zugang (Umzug) zeitgleich stattfinden.

Im Folgenden soll für Mobilitätszugang, Familien- und Berufssituation induktiv untersucht werden, wie die Mobilitätsnachfrage innerhalb der jeweiligen Lebenssituation und bei den Übergängen in eine derartige Situation ausfällt. Die KONTIVs sind hierfür wenig geeignet: Einerseits sind die Variablenausprägungen hier teilweise unterschiedlich definiert, weshalb ein Vergleich verschiedener Wellen schwierig ist. Zweitens führen die Tageswerte aus den KONTIVs zu einer hohen intrapersonellen Varianz – diese fällt im Mobilitätspanel aufgrund der Wochenwerte deutlich niedriger aus. Die folgenden Auswertungen verwenden somit ausschließlich Paneldaten von 1994 – 2007, getrennt nach Männern und Frauen.

4.2.1 Führerschein

Im Gegensatz zu den beiden folgenden Abschnitten findet die Untersuchung hier erst ab der Altersklasse 20 (also den 18-22-jährigen) statt, da erst ab diesem Alter der Führerschein erworben werden kann. Tabelle 7 untersucht die Mittelwerte der Kilometer und Wege pro Person und Tag mit einem t-Test für verschiedene Referenzklassen. Die Ergebnisse lassen sich wie folgte zusammenfassen:

- Junge Männer und junge Frauen mit Führerschein sind deutlich mobiler als Gleichaltrige ohne Führerschein.
- Männer und Frauen in der Altersklasse von 26 – 59 sind mit Führerschein deutlich mobiler als ohne Führerschein. Allerdings kann dieser Effekt für die zurückgelegten Kilometer hauptsächlich durch die Pkw-Verfügbarkeit erklärt werden, der Führerschein isoliert von der Pkw-Verfügbarkeit hat nur einen schwachen Einfluss.
- Rentnerinnen und Rentner sind mit Führerschein deutlich mobiler als ohne Führerschein, auch hier kann dieser Effekt jedoch noch besser mit der Pkw-Verfügbarkeit erklärt werden.

Der Führerscheinbesitz wirkt sich also scheinbar in allen Altersklassen auf die Verkehrsnachfrage aus, tatsächlich kann aber die Pkw-Verfügbarkeit besser als erklärende Variable verwendet werden.

Beschreibung der Klasse	n	[km/(Pers*Tag)]	p-Wert	[Wege/(Pers*Tag)]	p-Wert
Männer ohne FS, Alter 18 – 25	120	29.2	<0.01	3.0	<0.01
Männer mit FS, Alter 18 – 25	618	36.6		3.6	
Frauen ohne FS, Alter 18 –25	107	24.0	<0.01	3.5	0.03
Frauen mit FS, Alter 18 – 25	642	37.4		3.8	
Männer ohne FS, Alter 26 – 59	237	25.4	<0.01	3.1	<0.01
Männer mit FS, Alter 26 – 59	5372	39.4		3.6	
Männer mit FS ohne Pkw, Alter 26 – 59	229	26.1	<0.01	3.5	0.11
Männer mit FS und Pkw, Alter 26 – 59	5143	40.4		3.6	
Frauen ohne FS, Alter 26 – 59	571	15.8	<0.01	2.9	<0.01
Frauen mit FS, Alter 26 – 59	5872	28.8		3.8	
Frauen mit FS ohne Pkw, Alter 26 – 59	323	19.8	<0.01	3.7	0.03
Frauen mit FS und Pkw, Alter 26 – 59	5549	29.6		3.8	
Rentner ohne FS	284	13.5	<0.01	2.9	<0.01
Rentner mit FS	2474	24.8		3.3	
Rentner ohne FS	284	13.5	0.02	2.9	0.95
Rentner mit FS ohne Pkw	113	17.4		2.9	
Rentner mit FS ohne Pkw	113	17.4	<0.01	2.9	<0.01
Rentner mit FS und Pkw	2361	25.3		3.3	
Rentnerinnen ohne FS	1037	12.1	<0.01	2.4	<0.01
Rentnerinnen mit FS	1519	20.7		3.0	
Rentnerinnen ohne FS	1037	12.1	0.33	2.4	<0.01
Rentnerinnen mit FS ohne Pkw	205	12.9		2.8	
Rentnerinnen mit FS ohne Pkw	205	12.9	<0.01	2.8	0.05
Rentnerinnen mit FS und Pkw	1314	22.8		3.0	

Tabelle 7: Führerscheinbesitz, Kilometer pro Person und Tag sowie Wege pro Person und Tag. Datenquelle: MOP 1994 – 2007 (ohne Fernreisen über 100 km)

4.2.2 Familiensituation

In der Familiensituation können verschiedene Ereignisse Auswirkungen auf die Mobilität ausüben, zum Beispiel Familiengründung, Trennung oder die Aufnahme eines pflegebedürftigen Angehörigen. Im Mobilitätspanel und in den KONTIVs können jedoch viele dieser Ereignisse nicht identifiziert werden, weil die Beziehungen der Haushaltsmitglieder untereinander nicht bekannt sind. Aus verschiedenen soziodemographischen Angaben können zwar Annahmen über die Beziehungen zwischen Haushaltsmitgliedern getroffen werden, diese können sich aber für einen Teil des Datensatzes als falsch erweisen. Dies gilt insbesondere für Familien, welche vom bürgerlichen Ideal (2 Erwachsene unterschiedlichen Geschlechts, eines oder mehrere gemeinsame Kinder) abweichen, oder wenn verhältnismäßig junge Großeltern mit im Haushalt leben.

Unterschieden werden im Folgenden Personen mit und ohne Kinder. Hierzu müssen Annahmen über das Eltern – Kind – Verhältnis mithilfe des Alters getroffen werden: Sehr junge Erwachsene, die mit Kindern unter 10 Jahren im Haushalt leben, könnten in einigen Fällen Geschwister sein. Es werden daher erst Personen ab 25 Jahren betrachtet, ebenso werden nur Personen bis 50 untersucht, da es sich bei älteren Haushaltsmitgliedern dieser Personen um Großeltern handeln könnte.

Tabelle 8 vergleicht die Mittelwerte der Kilometer und Wege pro Person und Tag verschiedener Referenzklassen mit einem t-Test. Die wichtigsten Ergebnisse:

- Männer ohne Kinder und Männer mit kleinen Kindern haben in etwa dasselbe Mobilitätsverhalten, lediglich die Zahl der Wege liegt bei Männern mit Kindern ein wenig höher.
- Bei Frauen dagegen besteht ein erheblicher Unterschied zwischen Müttern und Frauen ohne kleine Kinder. Besonders gravierend ist diese Abweichung bei der Wegehäufigkeit, diese liegt bei Müttern deutlich höher. Schwächer, wenngleich signifikant, ist der Unterschied bei den zurückgelegten Kilometern: Hier sind Frauen ohne Kinder mobiler.
- Reduziert man diese Betrachtung auf Vollzeiterwerbstätige mit versus ohne Kinder, so fallen diese Effekte schwächer aus.
- Teilzeiterwerbstätige Frauen sind mobiler, wenn sie Kinder haben – dies gilt besonders für die zurückgelegten Wege.

Als Erkenntnis für die Modellierung kann somit zusammengefasst werden: Die Verkehrsnachfrage der Frauen ist stärker von der Familiensituation geprägt als die der Männer. Ferner beeinflusst die Familiensituation vornehmlich die ansonsten invariantere Größe Wege pro Person und Tag, während die eigentlich volatileren Kilometer pro Person und Tag nicht so stark betroffen sind.

Beschreibung der Klasse	n	[km/(Pers*Tag)]	p-Wert	[Wege/(Pers*Tag)]	p-Wert
Männer 25 – 50 ohne Kinder	2729	39.2	0.50	3.5	0.01
Männer 25 – 50 mit Kindern	1518	39.8		3.7	
Männer 25 – 50 Vollzeit ohne Kinder	2281	40.5	0.96	3.5	0.01
Männer 25 – 50, Vollzeit mit Kindern	1417	40.5		3.6	
Frauen 25 – 50 ohne Kinder	3164	29.5	<0.01	3.6	<0.01
Frauen 25 – 50 mit Kindern	1773	26.7		4.4	
Frauen 25 – 50, Vollzeit ohne Kinder	1479	32.9	0.41	3.5	<0.01
Frauen 25 – 50, Vollzeit mit Kindern	210	31.5		4.0	
Frauen 25 – 50, Teilzeit ohne Kinder	1071	28.2	0.03	3.9	<0.01
Frauen 25 – 50, Teilzeit mit Kindern	816	30.1		4.7	

Tabelle 8: Kinder unter 10 Jahren im Haushalt, Kilometer pro Person und Tag sowie Wege pro Person und Tag. Datenquelle: MOP 1994 – 2007 (ohne Fernreisen über 100 km)

4.2.3 Berufssituation

Tabelle 9 berechnet für verschiedene Berufs-Personenkategorien die Mittelwerte der Kilometer und Wege pro Person und Tag und vergleicht diese Mittelwerte jeweils per t-Test mit den Referenzklassen. Daraus ergeben sich verschiedene Erkenntnisse:

- Junge Schüler / Studierende haben eine höhere Wegezahl als gleichaltrige vollzeiterwerbstätige Männer, während sich die Kilometerzahl nicht signifikant unterscheidet. Bei den Frauen ist es umgekehrt: Während sich die Wegezahl nicht unterscheidet, legen vollzeiterwerbstätige junge Frauen signifikant mehr Kilometer zurück als Studentinnen.
- Vollzeiterwerbstätige sind deutlich mobiler als Arbeitslose: Diese Aussage kann für Frauen und Männer verifiziert werden.
- Ältere Arbeitslose und Rentner haben eine ähnliche Verkehrsnachfrage. Diese Aussage kann für Männer und Frauen nicht falsifiziert werden.
- Ältere Vollzeiterwerbstätige haben eine deutlich höhere Verkehrsnachfrage als Rentner. Diese Aussage kann für Frauen und Männer verifiziert werden.
- Vollzeiterwerbstätige Frauen legen mehr Kilometer, jedoch weniger Wege zurück als Hausfrauen.

- Teilzeiterwerbstätige Frauen sind mobiler als Hausfrauen.

Für die Modellierung junger Menschen in Schule und Studium müssen somit nicht zu viele Vorkehrungen getroffen werden: Einerseits nimmt ihre Zahl aus demographischen Gründen ab, andererseits sind die Unterschiede zwischen jungen Erwerbstätigen und Studierenden nicht einheitlich und im Kollektiv nicht sonderlich stark. Ebenso unterscheiden sich Arbeitslose nur schwach von Rentnern, weshalb ein Modellierer auch hier nicht allzu viel Aufwand betreiben sollte.

Dagegen scheint es erhebliche Unterschiede bei Frauen zu geben, seien sie nun vollzeiterwerbstätig, teilzeiterwerbstätig oder Hausfrauen. Dies erzeugt Probleme bei der Nachfragemodellierung, da der Berufsstatus Hausfrau offensichtlich eine für die Verkehrsplanung exogene Größe ist, die unter anderem vom Haushaltskontext abhängt, aber auch vom Rollenverständnis des Individuums. Außerdem gibt es erhebliche Unterschiede im Verhalten von Berufstätigen und Rentnern, dies kann gerade vor dem Hintergrund des demographischen Wandels zu beachtlichen Auswirkungen führen.

Beschreibung der Klasse	n	[km/(Pers*Tag)]	p-Wert	[Wege/(Pers*Tag)]	p-Wert
Männer 18 – 25, Schule / Studium	190	34.5	0.32	3.7	<0.01
Männer 18 – 25, Vollzeit	316	36.7		3.3	
Männer 26 – 59, Vollzeit	4686	40.2	<0.01	3.5	0.18
Männer 26 – 59, arbeitslos	325	26.8		3.4	
Männer 50 – 70, arbeitslos	219	27.0	0.05	3.4	0.73
Männer 50 – 70, Rentner	1812	24.7		3.4	
Männer 50 – 70, Vollzeit	1339	37.9	<0.01	3.5	0.53
Männer 50 – 70, Rentner	219	27.0		3.4	
Frauen 18 – 25, Vollzeit	187	38.6	0.01	3.8	0.81
Frauen 18 – 25, Studium	325	33.0		3.8	
Frauen 26 – 59, Vollzeit	2136	31.9	<0.01	3.5	<0.01
Frauen 26 – 59, arbeitslos	390	21.3		3.2	
Frauen 26 – 59, Vollzeit	2136	31.9	<0.01	3.5	0.02
Frauen 26 – 59, Hausfrau	1212	20.8		3.7	
Frauen 26 – 59, Teilzeit	2334	28.2	<0.01	4.0	<0.01
Frauen 26 – 59, Hausfrau	1212	20.8		3.7	
Frauen 50 – 70, arbeitslos	185	18.6	0.10	3.0	0.70
Frauen 50 – 70, Rentnerinnen	1685	18.0		2.9	
Frauen 50 – 70, Vollzeit	613	29.4	<0.01	3.4	<0.01
Frauen 50 – 70, Rentnerinnen	1685	18.7		2.9	

Tabelle 9: Beruf, Kilometer pro Person und Tag sowie Wege pro Person und Tag. Datenquelle: MOP 1994 – 2007 (ohne Fernreisen über 100 km)

4.3 Wechsel der Lebenssituation im Längsschnitt

Um Verhalten und Verhaltensänderungen im Längsschnitt zu verstehen, reicht es jedoch nicht, Lebenssituationen im Querschnitt zu erfassen, es müssen auch die Übergänge zwischen Lebenssituationen und ihre Auswirkungen auf die Verkehrsnachfrage analysiert werden. Lanzendorf (2003) und Scheiner (2007) konstatieren, dass die Auswirkungen von Änderungen in der Lebenssituation auf das Mobilitätsverhalten insbesondere auf lange Sicht jedoch noch kaum erforscht wurden. Lanzendorf stellt daher ein theoretisches Konzept der Mobilitätsbiographien vor und empfiehlt dafür die Verwendung von retrospektiven Befragungen oder Paneldaten.

Prillwitz et al. (2005) setzen dieses Konzept auf den Daten des Sozioökonomischen Panels für die Wechselwirkungen zwischen Pkw-Verfügbarkeit, Lebenssituation und Wohnstandort um. Neben der Pkw-Verfügbarkeit analysiert Prillwitz (2008) weitere Variablen wie Pendelentfernung oder Verkehrsmittelwahl. Einen Überblick über den Stand der Forschung zum Zusammenhang zwischen Umzügen und Verkehrsnachfrage liefert Scheiner (2006). Derselbe Autor beschäftigt sich auch mit der Modellierung des Sonderfalls Migration von der Stadt ins Umland und umgekehrt sowie deren Wirkungen auf das Mobilitätsverhalten (Scheiner 2005).

Scheiner wirft dabei auch die Frage auf, wie weit Mobilitätsverhalten bereits in der Kindheit und Jugend geprägt wird? Dieser Überlegung zugrunde liegt die Hypothese, dass durch Beobachtungen fremden Mobilitätsverhaltens und Erfahrungen eines spezifischen Mobilitätsverhaltens in den frühen Lebensjahren dauerhafte Grundlagen für das eigene Verhalten gelegt werden – dieser Prozess wird in der Psychologie auch als „Lernen als Verhaltensänderung" bezeichnet (siehe etwa Hammerl & Grabitz 2006); die Autoren weisen auch darauf hin, dass dieser Lernprozess wertfrei sei und die Verhaltensänderung sowohl positiv als auch negativ wahrgenommen werden könne. Von Bedeutung für Prägungen ist hier insbesondere das Beobachtungslernen (siehe hierzu etwa Scheele 2006), also ein Lernvorgang, der primär ausgelöst wird durch Beobachtung eines Modellverhaltens, beispielsweise das der Eltern, und weniger durch ein System von Belohnung und Bestrafung wie etwa in der Pawlowschen Konditionierung.

Derartige Prägungen des Mobilitätsverhaltens werden in der Literatur gelegentlich angenommen, empirische Belege scheinen jedoch weitgehend zu fehlen. Heine und Mautz (2000) vermuten beispielsweise, dass die Einstellung zum Pkw und dessen Nutzung entscheidend davon abhängt, wie man als Kind die Verkehrsmittelnutzung der Eltern erlebt hat. Ein DFG-Forschungsprojekt der TU Berlin beschäftigt sich ebenfalls mit der Hypothese langfristiger Prägungen des Mobilitätsverhaltens (siehe etwa Adolph 2006), es handelt sich aber jeweils eher um Annahmen als um belastbare Erkenntnisse. Klöpper und Weber (2007) untersuchen den Zusammenhang des Mobilitätsverhaltens von Eltern und Kindern und stellen auf einem kleinen Datensatz fest, dass die untersuchten Probanden im Erwachsenenalter gerne wieder in ähnliche Raumtypen wie in ihrer Kindheit ziehen. Die Autoren ziehen daraus den plausiblen Schluss, dass Korrelationen im Mobilitätsverhalten zwischen Eltern und Kindern zumindest teilweise durch ähnliche raumstrukturelle Rahmenbedingungen der Eltern- und Kindergeneration erklärt werden können.

Flade und Limbourg (1997) befragen Schüler in einer Art prospektiver Studie, welche Verkehrsmittel sie als Erwachsene wählen wollten. Kinder aus autogeprägten Städten zeigen dabei eine größere Affinität zum Pkw als Kinder aus Städten mit gutem ÖV oder guten Radwegen. Rückschlüsse über ein späteres Verhalten der Probanden, insbesondere nach der Pubertät, bewegen sich jedoch offensichtlich auf dünnem Eis. Mienert (2003b; 2003c; 2003d; 2003a) untersucht die Einstellungen 16-jähriger zu Führerschein und Autofahren und vergleicht diese mit den Einstellungen ihrer Eltern – sein Fazit bezüglich Verhaltensprägungen über die Generationen fällt hier ernüchternd aus: Die Beziehungen zwischen den auto- und verkehrsbezogenen Einstellungen der Eltern und ihrer jugendlichen Kinder seien äußerst schwach, von einer generellen Vorbildwirkung der Eltern könne hier nicht gesprochen werden.

Insbesondere Mienerts Ergebnisse scheinen also darauf hinzudeuten, dass Prägungen im Mobilitätsverhalten von Kindern häufig überschätzt werden, und dass Aussagen hierzu eher auf Mutmaßungen als auf Empirie basieren. Betrachtet man das Verhalten von Individuen in verschiedenen Lebenssituationen, so können gleichwohl durchaus Korrelationen vorliegen: Denkbar ist beispielsweise, dass die Verkehrsmittelwahl in der Ausbildung und im folgenden Berufsleben ähnlich ausfällt, oder dass Mütter als Hausfrauen ihre Kinder häufig mit dem Pkw fahren und diese Bequemlichkeit in den nächsten Lebensabschnitt mitnehmen, wenn sie wieder in eine Erwerbstätigkeit zurückkehren.

Derartige Korrelationen sind jedoch bisher kaum erforscht worden. Ohnehin würden sie noch keine Aussagen zur Kausalität machen: Im Beispiel der Berufs-Wiedereinsteigerin könnte die Pkw-Nutzung in beiden Lebensphasen entweder durch eine grundsätzliche Affinität zu diesem Verkehrsmittel begründet sein, die Sympathie für den Pkw könnte aber auch in der Zeit als junge Mutter erst entstanden sein. An dieser Stelle scheint also noch erheblicher Forschungsbedarf zu bestehen, zumal die dafür nötigen Daten, etwa Retrospektivbefragungen, bisher nicht annähernd zur Verfügung stehen.

Weshalb ist nun dieses Verständnis von Mobilitätsbiographien hilfreich, also der Verkehrsnachfrage in Abhängigkeit von der Lebenssituation sowie der Übergänge und Zusammenhänge zwischen diesen Lebenssituationen? Abbildung 19 beschreibt prototypisch eine Mobilitätsbiographie für einen fiktiven Rentner im Alter von 75 Jahren. Angenommen wird hier, dass man den Verlauf der Mobilität durch eine Folge zentraler Lebensereignisse darstellen kann und sich zwischen diesen Ereignissen ein möglichst gleichmäßiger Zustand einstellt. Kann man nun die Bevölkerung mit einer überschaubaren Zahl derartiger Prototypen abbilden und nimmt man ferner gleiche Prototypen heute wie in Zukunft an, so ließe sich die Bevölkerung mitsamt ihrer Verkehrsnachfrage fortschreiben, was ein recht präzises Bild zukünftiger Nachfrage erzeugen würde (Abbildung 20).

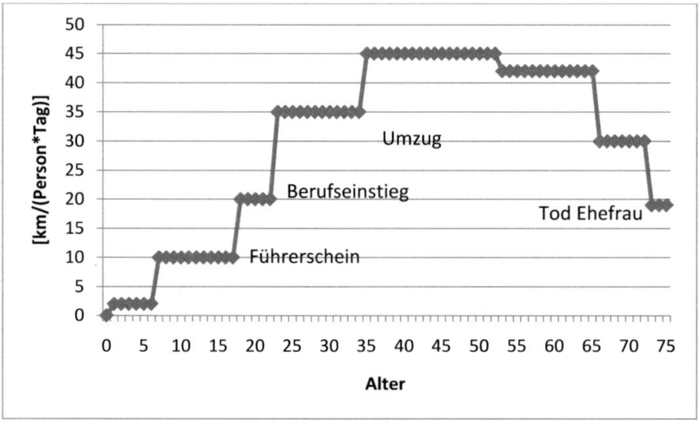

Abbildung 19: Prototypische Mobilitätsbiographie eines fiktiven Rentners

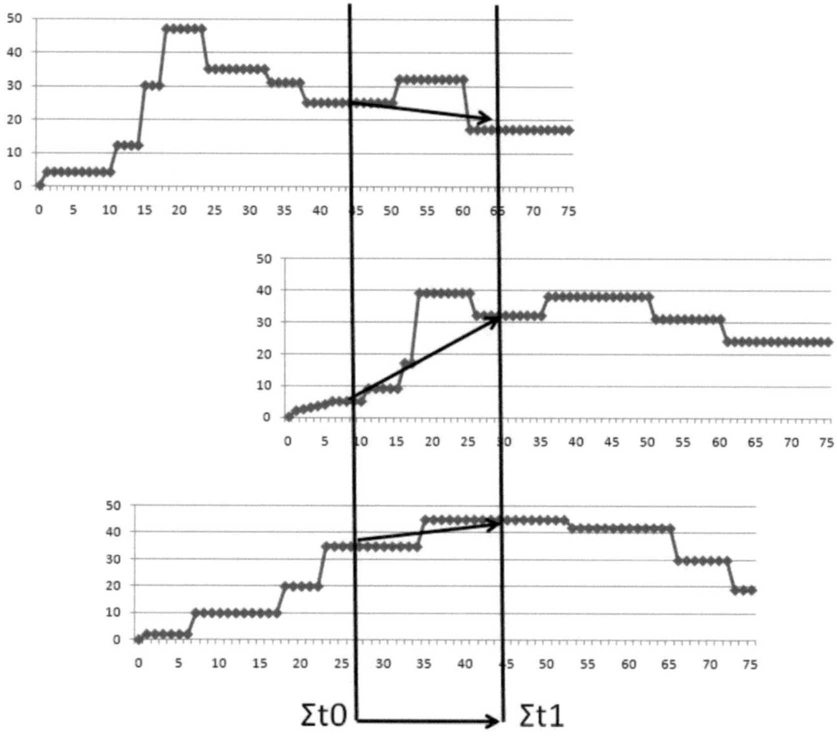

Abbildung 20: Fortschreibung der Gesamtnachfrage mit individuellen Mobilitätsbiographien

Das Mobilitätspanel bietet die Möglichkeit, Personenübergänge zwischen mehreren Jahren zu betrachten: Wie verändern sich die Wegetagebücher, wenn in wichtigen soziodemographischen Variablen zwischen zwei Befragungsjahren Änderungen eintreten? Tabelle 10 listet die Fallzahlen derartiger Personenübergänge im Deutschen Mobilitätspanel von 1994 – 2007 auf:

Ausgangsjahr	Folgejahr	Fallzahlen Männer	Fallzahlen Frauen
Kein Führerschein	Führerschein	58	72
Ausbildung	Erwerbstätigkeit	54	53
Erwerbstätigkeit	Arbeitslosigkeit	72	76
Arbeitslosigkeit	Erwerbstätigkeit	66	53
Erwerbstätigkeit	Hausmann / Hausfrau	5	84
Keine Kinder unter 10 im Haushalt	Kinder unter 10 im Haushalt	58	68
Erwerbstätig und keine Kinder unter 10 im Haushalt	Erwerbstätig und Kinder unter 10 im Haushalt	41	17
Erwerbstätigkeit	Rente	81	59

Tabelle 10: Änderung der Lebenssituation bei Männern und Frauen zwischen zwei Paneljahren. Datenquelle: MOP 1994 – 2007

Die Kurvenverläufe in den Abbildung 5 und Abbildung 6 (Alter und Verkehrsleistung) und die Erkenntnisse aus Abschnitt 4.2 legen nahe, dass Führerscheinerwerb, Familiengründung und Renteneintritt einen wichtigen Einfluss auf die Mobilitätsnachfrage ausüben können, diese Ereignisse sollten daher weiter untersucht werden. Weitere Auswertungen zu Personenübergängen im Mobilitätspanel finden sich in Zumkeller et al. (2005), Ottmann (2007) und Hirtz (2006).

Einen weiteren bedeutenden Wandel in der Lebenssituation stellen Umzüge dar – diese sind häufig korreliert mit Änderungen im Mobilitätszugang, der Familien- oder Berufssituation und können daher erheblichen Einfluss auf die Verkehrsnachfrage ausüben. Insbesondere Erreichbarkeiten von Arbeits-, Einkaufs- und Freizeitstätten ändern sich. Im Mobilitätspanel werden Umzüge von Wiederholer-Haushalten nur ausgewiesen, wenn die neue Adresse für das Erhebungsinstitut nachvollziehbar ist. Damit ist die Stichprobe der umziehenden Haushalte verhältnismäßig klein und vermutlich selektiv, weshalb hier auf eine Auswertung verzichtet wird.

Für die folgenden Auswertungen werden aus den Paneldaten von 1994 – 2007 jeweils die Personen ausgewählt, bei welchen zwischen zwei Erhebungsjahren ein entsprechendes Ereignis eintritt. Für diese Personen wird anschließend die Differenz ausgewählter Mobilitätskennziffern zwischen Beobachtungsjahr n+1 und Jahr n berechnet. Die Signifikanz dieser Änderungen wird ferner mit einem Studentschen t-Test überprüft. Die Nullhypothese hierzu lautet: Die Mobilitätskennziffern vor und nach Eintritt eines Ereignisses sind identisch. Daraus folgt die Gegenhypothese: Die Mobilitätskennziffern unterscheiden sich vor und nach Eintritt des beobachteten Ereignisses.

Auf eine Gewichtung der Daten wird für die Personenübergänge verzichtet: Ein einheitliches Gewicht lässt sich nicht bestimmen, da zwei Jahre beobachtet werden, die Gewichtungsfaktoren sich aber über die Jahre ändern. Dies ist jedoch nicht sonderlich problematisch, weil die Daten bereits nach Geschlecht klassiert und auf bestimmte Altersklassen beschränkt sind – damit sind zwei wichtige Dimensionen der soziodemographischen Gewichtung bereits berücksichtigt.

4.3.1 Führerscheinerwerb

58 Männer und 72 Frauen erwerben zwischen zwei Paneljahren den Führerschein – Abbildung 21 stellt die Verteilung dieses Ereignisses über die Altersklassen im Mobilitätspanel dar. Die meisten Probanden erwerben hier in der Altersklasse direkt nach der Volljährigkeit den Führerschein, gut ein Viertel der beobachteten Personen mit Führerscheinerwerb ist jedoch schon über 30. Hierbei muss es sich nicht zwingend um Führerscheinneulinge handeln, es können eventuell auch Personen beobachtet werden, die den Führerschein früher bereits erworben und wieder verloren haben. Dass ein Teil der Population den Führerschein noch im höheren Alter erwirbt, deckt sich mit den Querschnitts-Vergleichen der KONTIVs in Abbildung 12.

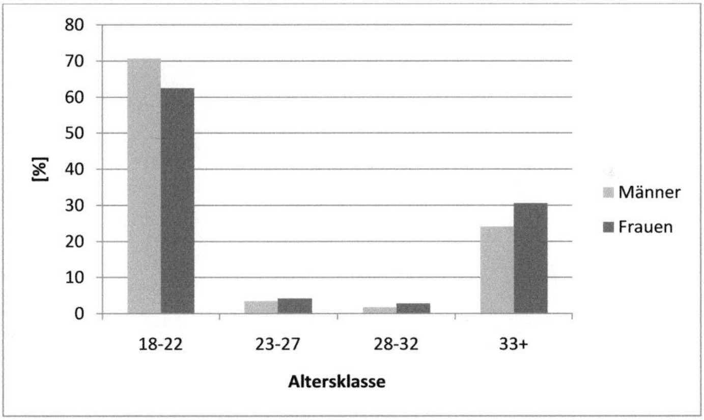

Abbildung 21: Alter bei Führerscheinerwerb. Datenquelle: MOP 1994 – 2007

Die Änderungen der Mobilitätseckwerte zwischen zwei Jahren sind in Tabelle 11 dargestellt, die Untersuchungen beschränken sich dabei auf junge Führerscheinneulinge zwischen 18 und 22 Jahren. Bei Männern und Frauen steigt die Zahl der zurückgelegten Pkw-Kilometer gleich im ersten Führerscheinjahr auf einen zweistelligen Wert. Besonders bei Frauen nimmt gleichzeitig die Gesamtzahl zurückgelegter Kilometer deutlich und signifikant zu, während dieser Effekt bei Männern nicht so deutlich ausfällt. Denkbar ist, dass Männer schon vor dem Führerscheinerwerb erhebliche Entfernungen mit anderen Verkehrsmitteln zurücklegen, die von Frauen als unsicher oder unpraktisch empfunden werden. Mit dem Führerscheinerwerb fände bei den Männern dann vor allem eine Verschiebung der Modi statt. Der massive Anstieg der Mobilität zu Anfang der Volljährigkeit scheint damit nur zum Teil auf den Führerscheinerwerb zurückzuführen sein.

Der jüngst im Mobilitätspanel beobachtete Trend, dass die Führerscheinzahlen unter den jungen Erwachsenen leicht rückläufig sind (siehe Zumkeller et al. 2006), kann sich abhängig vom Anteil dieser Gruppe an der Gesamtbevölkerung auf die Gesamtnachfrage auswirken. Aus demographischen Gründen wird dieses Phänomen vornehmlich in Untersuchungsgebieten mit einem erhöhten Anteil junger Erwachsener eine Rolle spielen, also insbesondere an Hochschulstandorten.

Kennziffer Männer	n	Mittelwert	Streuung	p-Wert
Δ (km / Tag)	41	4.7	2.1	0.03
Δ (Wege / Tag)	41	0.1	0.2	0.52
Δ (Mob-min / Tag)	41	-7.7	5.3	0.15
Δ Wahrscheinlichkeit für mobilen Tag	41	0.0	0.0	0.51
Δ (Pkw-km als Selbstfahrer / Tag)	41	13.7	2.2	0.00
Δ (Pkw-Wege als Selbstfahrer/ Tag)	41	1.4	0.2	0.00
Kennziffer Frauen	**n**	**Mittelwert**	**Streuung**	**p-Wert**
Δ (km / Tag)	45	13.9	2.7	0.00
Δ (Wege / Tag)	45	0.8	0.2	0.00
Δ (Mob-min / Tag)	45	15.9	6.3	0.02
Δ Wahrscheinlichkeit für mobilen Tag	45	0.1	0.0	0.02
Δ (Pkw-km als Selbstfahrer / Tag)	45	15.4	2.7	0.00
Δ (Pkw-Wege als Selbstfahrer/ Tag)	45	1.6	0.2	0.00

Tabelle 11: Änderung der Mobilitätskennziffern (ohne Fernreisen über 100 km) im Folgejahr bei Führerscheinerwerb. Datenquelle: MOP 1994 – 2007

4.3.2 Familiengründung

Das Mobilitätspanel wie auch die KONTIVs stellen verschiedene personenbezogene Informationen bereit wie Alter, Geschlecht und Berufsstatus. Daraus können wichtige Schlüsse über die Haushaltszusammensetzung gezogen werden, es wurde jedoch bereits darauf hingewiesen, dass die Beziehungen der Haushaltsmitglieder untereinander oft nicht zwingend bekannt sind. Beispielsweise können Haushaltsmitglieder mit einem Altersunterschied von 40 Jahren sowohl über eine oder zwei Generationen in direkter oder indirekter Linie miteinander verwandt sein, oder auch überhaupt nicht. Die Identifikation von Haushaltszusammenhängen ist somit auf plausible Annahmen angewiesen.

Für die Familiengründung werden im Folgenden Personen betrachtet, deren Haushalt im Jahr 1 keine Kinder unter 10 Jahren enthalten und im Folgejahr mindestens 1 Kind unter 10 Jahren. Abbildung 22 gibt die Altersverteilung für derartige Personen an. Die meisten Personen sind etwa Mitte 20 bis Ende 30. Bei sehr jungen Personen wird es sich in vielen Fällen um ältere Geschwister handeln, bei Personen jenseits der 40 zumindest in einigen Fällen um Großeltern. Die weiteren Untersuchungen werden daher auf Personen zwischen 23 und 43 Jahren beschränkt.

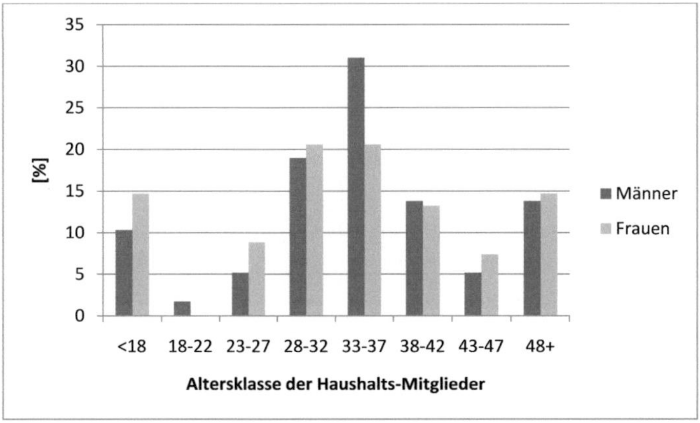

Abbildung 22: Alter einzelner Personen, in deren Haushalt Kinder unter 10 Jahren eintreten. Datenquelle: MOP 1994 – 2007

Tabelle 12 beschreibt die Änderungen der Mobilitätskennziffern für Männer und Frauen. Während bei den Männern keine signifikanten Änderungen zu beobachten sind, geht die Verkehrsnachfrage bei Frauen deutlich und signifikant zurück. Mit dieser Erkenntnis lässt sich der frühere Rückgang der Verkehrsnachfrage bei Frauen im Querschnitt erklären (Abbildung 6). Anfang 20 ist der Anteil von Müttern unter allen Frauen der Altersklasse noch gering, er wächst aber kontinuierlich und führt zu einem Rückgang der Verkehrsnachfrage im Querschnitt. Weil sich das Ereignis Familiengründung nicht sehr ausgeprägt auf die Eckwerte der Männer auswirkt, kann bei Männern zwischen 20 – 50 dagegen kaum ein Rückgang beobachtet werden.

Wie weit diese Erkenntnisse in die Zukunft fortgeschrieben werden können ist unklar: Einerseits hängt dies von der Entscheidung junger Menschen ab, ob und wann sie eine Familie gründen wollen. Andererseits könnten durch Maßnahmen wie z. B. dem

Elterngeld Änderungen in der Verteilung der Haushaltsaufgaben junger Familien auftreten, welche in Zukunft zu anderen Übergängen führen könnten.

Kennziffer Männer	n	Mittelwert	Streuung	p-Wert
Δ (km / Tag)	40	0.6	4.7	0.90
Δ (Wege / Tag)	40	-0.2	0.2	0.21
Δ (Mob-min / Tag)	40	-2.1	6.5	0.75
Δ Wahrscheinlichkeit für mobilen Tag	40	0.0	0.0	0.83
Δ (Pkw-km als Selbstfahrer / Tag)	40	0.2	3.1	0.96
Δ (Pkw-Wege als Selbstfahrer/ Tag)	40	-0.2	0.1	0.11
Kennziffer Frauen	**n**	**Mittelwert**	**Streuung**	**p-Wert**
Δ (km / Tag)	43	-6.9	3.2	0.04
Δ (Wege / Tag)	43	-0.6	0.2	0.01
Δ (Mob-min / Tag)	43	0.7	5.5	0.90
Δ Wahrscheinlichkeit für mobilen Tag	43	-0.1	0.0	0.03
Δ (Pkw-km als Selbstfahrer / Tag)	43	-7.7	3.3	0.02
Δ (Pkw-Wege als Selbstfahrer/ Tag)	43	-0.6	0.2	0.01

Tabelle 12: Änderung der Mobilitätskennziffern (ohne Fernreisen über 100 km) im Folgejahr bei Eintritt von Kindern unter 10 Jahren in den Haushalt. Datenquelle: MOP 1994 – 2007

4.3.3 Renteneintritt

Im Mobilitätspanel können 81 Männer und 59 Frauen vom Übergang aus der Erwerbstätigkeit in die Rente beobachtet werden; ein solcher Übergang kann sowohl von einer Vollzeit- als auch von einer Teilzeitstelle erfolgen. Abbildung 23 stellt die Altersverteilung dieser Personen dar. Wie erwartet finden die meisten Übergänge in die Rente statt zwischen Ende 50 und Ende 60, es gibt jedoch Ausreißer nach oben und unten. Da bei diesen Ausreißern die Wahrscheinlichkeit hoch ist, dass der Renteneintritt mit einer deutlichen Verschlechterung der Gesundheit korreliert ist, beschränken sich die Auswertungen der Übergänge auf Personen zwischen 58 und 68 Jahren.

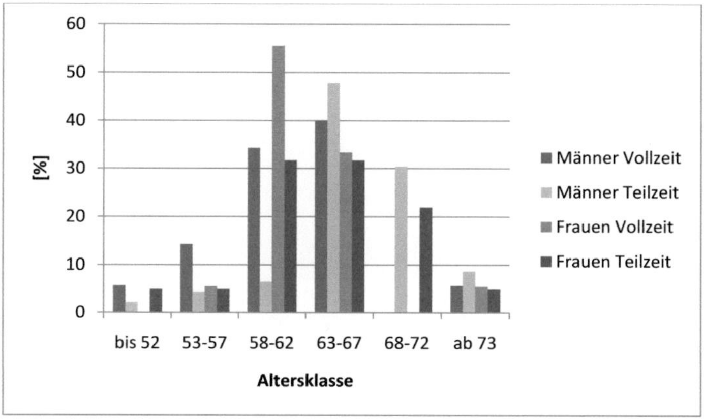

Abbildung 23: Alter von Personen, die in Rente gehen. Datenquelle: MOP 1994 – 2007

Tabelle 13 beschreibt für die Merkmale Geschlecht und Vollzeit / Teilzeit die Änderungen der Mobilitätseckwerte. Ein deutlicher Rückgang der Mobilität ist bei Männern zu beobachten, welche vorher eine Vollzeitstelle ausgefüllt haben – dies gilt sowohl für die Gesamtzahl der Kilometer, als auch beschränkt auf die Pkw-Kilometer als Selbstfahrer. Für die anderen Klassen können jedoch kaum signifikante Änderungen festgestellt werden. Bei den vollzeiterwerbstätigen Frauen gehen die Mobilitätseckwerte beim Renteneintritt auch deutlich zurück, die Änderungen sind jedoch aufgrund der kleinen Stichprobengröße nicht immer signifikant.

Bei Teilzeiterwerbstätigen ist denkbar, dass es sich um Altersteilzeit handelt und der Übergang in die Rente schleichend stattgefunden hat. Weil aus demographischen Gründen das Verhalten der Rentner und Neurentner von erheblicher Bedeutung ist, lohnt sich eine genauere Analyse der Fragestellung, ob ein Renteneintritt möglicherweise vorgezogene oder langfristige nachgelagerte Effekte hat?

Änderung Männer Vollzeit	n	Mittelwert	Streuung	p-Wert
Δ (km / Tag)	25	-9.3	3.8	0.02
Δ (Wege / Tag)	25	0.0	0.2	0.88
Δ (Mob-min / Tag)	25	0.0	10.4	1.00
Δ Wahrscheinlichkeit für mobilen Tag	25	0.0	0.0	0.70
Δ (Pkw-km als Selbstfahrer / Tag)	25	-9.9	4.2	0.03
Δ (Pkw-Wege als Selbstfahrer/ Tag)	25	-0.6	0.2	0.01
Änderung Männer Teilzeit	**n**	**Mittelwert**	**Streuung**	**p-Wert**
Δ (km / Tag)	31	1.2	3.0	0.70
Δ (Wege / Tag)	31	0.2	0.2	0.40
Δ (Mob-min / Tag)	31	6.9	5.6	0.23
Δ Wahrscheinlichkeit für mobilen Tag	31	0.0	0.0	0.49
Δ (Pkw-km als Selbstfahrer / Tag)	31	0.8	3.1	0.80
Δ (Pkw-Wege als Selbstfahrer/ Tag)	31	-0.1	0.2	0.52
Änderung Frauen Vollzeit	**n**	**Mittelwert**	**Streuung**	**p-Wert**
Δ (km / Tag)	15	-5.3	4.6	0.26
Δ (Wege / Tag)	15	-0.3	0.3	0.25
Δ (Mob-min / Tag)	15	-20.9	8.5	0.03
Δ Wahrscheinlichkeit für mobilen Tag	15	-0.1	0.0	0.03
Δ (Pkw-km als Selbstfahrer / Tag)	15	-4.0	2.4	0.13
Δ (Pkw-Wege als Selbstfahrer/ Tag)	15	-0.6	0.2	0.01
Änderung Frauen Teilzeit	**n**	**Mittelwert**	**Streuung**	**p-Wert**
Δ (km / Tag)	31	1.6	3.0	0.61
Δ (Wege / Tag)	31	0.3	0.2	0.16
Δ (Mob-min / Tag)	31	6.6	7.2	0.37
Δ Wahrscheinlichkeit für mobilen Tag	31	0.0	0.0	0.46
Δ (Pkw-km als Selbstfahrer / Tag)	31	-0.4	2.2	0.84
Δ (Pkw-Wege als Selbstfahrer/ Tag)	31	0.1	0.1	0.56

Tabelle 13: Änderung der Mobilitätskennziffern (ohne Fernreisen über 100 km) im Folgejahr bei Renteneintritt. Datenquelle: MOP 1994 – 2007

4.3.4 Ereignisse im Rentenalter

Im Laufe des Rentenalters könnten weitere Ereignisse die Verkehrsnachfrage beeinflussen. Im Panel beobachtet werden können Haushalte, in denen der Pkw aufgegeben wird sowie Haushalte, in denen sich die Personenzahl von zwei auf eins reduziert. Dies wird in vielen Fällen durch den Tod des Partners oder der Partnerin begründet sein, in anderen Fällen auch durch Trennung. Tabelle 14 beschreibt die Änderungen der Mobilitätskennziffern gemeinsam für Männer und Frauen, da aufgrund der Stichprobengröße keine Aufspaltung sinnvoll erscheint.

Aufgabe des Pkw	n	Mittelwert	Streuung	p-Wert
Δ (km / Tag)	22	-8.1	2.8	0.01
Δ (Wege / Tag)	22	-0.5	0.2	0.02
Δ (Mob-min / Tag)	22	-12.8	6.9	0.08
Δ Wahrscheinlichkeit für mobilen Tag	22	0.0	0.0	0.55
Δ (Pkw-km als Selbstfahrer / Tag)	22	-6.4	2.7	0.03
Δ (Pkw-Wege als Selbstfahrer/ Tag)	22	-0.6	0.2	0.01
Partner stirbt / verlässt den Haushalt	**n**	**Mittelwert**	**Streuung**	**p-Wert**
Δ (km / Tag)	17	-8.1	4.2	0.08
Δ (Wege / Tag)	17	-0.3	0.4	0.43
Δ (Mob-min / Tag)	17	2.7	11.7	0.82
Δ Wahrscheinlichkeit für mobilen Tag	17	0.0	0.1	0.54
Δ (Pkw-km als Selbstfahrer / Tag)	17	-7.7	3.7	0.05
Δ (Pkw-Wege als Selbstfahrer/ Tag)	17	-0.5	0.3	0.15

Tabelle 14: Änderung der Mobilitätskennziffern (ohne Fernreisen über 100 km) im Folgejahr bei Ereignissen während der Rente. Datenquelle: MOP 1994 – 2007

Insgesamt können 22 Rentner ausgemacht werden, in deren Haushalt der letzte Pkw abgeschafft wird. Trotz der geringen Stichprobengröße ist der Rückgang der Mobilität beachtlich und signifikant. Im französischen Panel („Parc Auto") werden Haushalte über einige Jahre befragt, hier kann gezeigt werden, dass viele Personen nach Renteneintritt den Pkw solange behalten, bis er nicht mehr fahrtüchtig ist, anschließend jedoch auf eine Neuanschaffung verzichten (Hivert 2006).

Diese Erkenntnisse lassen sich plausibel auf den vorliegenden Fall der Rentnermobilität übertragen: Insbesondere wenn ein Rückgang der täglichen Aktivitäten oder die Aufgabe des Pkws mit dem Stigma des Altwerdens assoziiert werden, könnten Neurentner erst einmal zahlreiche Arbeits- und Dienstwege mit Einkaufs- oder Freizeitwegen kompensieren. Wenn dann jedoch der Pkw am Ende seines Lebenszyklus angelangt ist, kann sich die Frage erneut stellen, ob man als Rentnerin oder Rentner tatsächlich noch einen Pkw benötigt. Mit der Entscheidung gegen eine Neuanschaffung kann dann auch ein Rückgang der Mobilität verbunden sein, eventuell weil Wege und Aktivitäten unterlassen werden, die man vorher eher aus Gewohnheit unternommen hat.

17 Rentner können beobachtet werden, die im ersten Befragungsjahr mit einer zweiten Person im Haushalt gewohnt haben und im zweiten Jahr alleine leben. Auch hier kann ein deutlicher Rückgang der Verkehrsnachfrage konstatiert werden. Aufgrund

der geringen Stichprobengröße sind jedoch nur die Änderungen in den Kilometern pro Person und Tag sowie in den Pkw-Kilometern signifikant. Daneben könnten weitere Ereignisse zu einem Rückgang der Mobilität bei Rentnern führen, zum Beispiel:

- Gesundheitliche Einschränkungen bei den Probanden selber, welche entweder die Mobilität erschweren oder Aktivitäten ausfallen lassen, die mit Mobilität verbunden sind (zum Beispiel die Fahrt zur Sporthalle).
- Krankheiten oder Todesfälle im sozialen Netz, wenn beispielsweise der langjährige Sportpartner nicht mehr zur Verfügung steht.
- Umzug in eine Wohnung in der Stadt oder in ein Seniorenheim.

Diese Ereignisse werden im Mobilitätspanel nicht abgefragt und müssten aus methodischen Gründen wahrscheinlich in einer eigens für diese Fragestellungen konzipierten Erhebung geklärt werden. Das Panel bietet jedoch die Möglichkeit, die Entwicklung der Mobilität im Rentenalter durch eine Clusteranalyse genauer zu untersuchen.

4.4 Verschiedene Mobilitätstypen im Rentenalter

Die Clusteranalyse gehört zu den multivariaten Analyseverfahren und versucht, eine Menge an Beobachtungen vollständig und disjunkt in Klassen („Cluster") aufzuteilen; diese Aufteilung geschieht nach einer oder gleichzeitig nach mehreren Variablen. Nicht selten erwecken Clusteranalysen den Eindruck, mit einem exakten und zwingenden Verfahren Objekte in Klassen mit häufig wohlklingenden Namen zu verteilen.

Tatsächlich sind besonders bei größeren Stichproben die meisten Clusteranalysen Heuristiken, und selbst wenn eine exakte Berechnung mit analytischen Verfahren möglich wäre, hinge das Ergebnis immer noch von verschiedenen Entscheidungen im Vorfeld ab. Gewählt werden müssen unter anderem: Das Clusterungs-Verfahren, die Anzahl Cluster, die erklärenden Variablen und die Distanzmetrik.

Eine Clusteranalyse sollte daher nicht als Black Box betrachtet werden, die stets verlässliche Ergebnisse liefert, stattdessen sollte mit verschiedenen Setzungen experimentiert und die Ergebnisse miteinander verglichen werden. Gleichzeitig sollte bei der Interpretation berücksichtigt werden, dass die Zugehörigkeit einzelner Elemente zu den jeweiligen Clustern bis zu einem gewissen Grad willkürlich ist, da sie von der Wahl der Ausgangsbedingungen abhängen kann.

Eine Übersicht über verschiedene Verfahren und über wichtige Grundlagen der Clusteranalyse liefern Hartung (2007) sowie Myers und Mullet (2002). Im Folgenden kommt der k-means-Algorithmus in partitionierender Clusterung zum Einsatz, als Metrik fungieren euklidische Abstände, vorher werden die erklärenden Variablen derart normiert, dass sie einen Mittelwert von 0 und eine Varianz von 1 aufweisen. Für die Anzahl Cluster und die Wahl der erklärenden Variablen werden jeweils verschiedene Ausgangswerte getestet.

Um die Effekte bei Rentnern besser zu verstehen, wird die Gesamtheit der Frauen und Männer von 55 – 80 Jahren geclustert, unabhängig von ihrem Berufsstatus. Dadurch können Rentner verglichen werden mit Personen, die kurz vor der Rente stehen. Personen über 80 unterliegen einer erheblichen Selektivität und werden daher nicht betrachtet – Erkenntnisse zum Einfluss des Renteneintritts liefern sie ohnehin nur in Ausnahmefällen.

Um Verzerrungen durch seltene Ereignisse zu vermeiden, beschränkt sich die Untersuchung erneut auf die Alltagsmobilität – Fernreisen über 100 km werden aus dem Datensatz gelöscht. Für die Zahl der Cluster und die verwendeten Variablen müssen verschiedene Setzungen ausprobiert werden, die plausibelsten Ergebnisse treten auf bei drei Clustern und den zwei erklärenden Variablen Kilometer pro Person und Tag sowie Wege pro Person und Tag. Auf diesen und weiteren Kenngrößen können zur Interpretation anschließend Mittelwerte je Cluster berechnet werden, diese befinden sich in Tabelle 15. Die letzte Spalte bietet zum Vergleich die empirischen Eckwerte im Mobilitätspanel für Personen aller Altersklassen, aus Konsistenzgründen ebenfalls ohne Fernreisen.

	"Sehrmobil"	"Wenigmobil"	"Viele Wege"	Gesamt-Bevölkerung
n	1115	4425	2000	21715
Wege pro Person und Tag	3.5	2.3	4.6	3.4
Km pro Person und Tag	55.2	13.6	24.3	28
Pkw-km als Selbstfahrer pro Person und Tag	35.6	5.3	13.1	15.8
Minuten pro Person und Tag	108.4	56.6	91.4	71.6
Wahrscheinlichkeit mobiler Tage	0.95	0.83	0.97	0.91
Arbeitswege pro Person und Tag	0.23	0.08	0.18	0.31
Einkaufswege pro Person und Tag	0.70	0.58	1.09	0.59
Servicewege pro Person und Tag	0.14	0.05	0.16	0.16
Freizeitwege pro Person und Tag	0.74	0.46	1.03	0.64

Tabelle 15: Mobilitätskennziffern (ohne Fernreisen über 100 km) der Cluster bei Personen zwischen 55 – 80 Jahren. Datenquelle: MOP 1994 – 2007

Im ersten und kleinsten Cluster tritt eine durchschnittliche Wegezahl auf, aber die zurückgelegten Kilometer und die Dauer sind sehr hoch – der Cluster wird daher als „Sehrmobil“ bezeichnet. Im zweiten Cluster, dem größten, fällt eine niedrige Mobilität auf, er wird daher „Wenigmobil“ genannt. Im dritten Cluster werden viele Wege zurückgelegt, die Mobilitätsdauer ist verhältnismäßig hoch, die zurückgelegten Kilometer sind jedoch gering. Es scheinen hier also viele kurze, jedoch recht zeitintensive Wege zurückgelegt zu werden – der Cluster wird daher „Viele Wege“ genannt. Diese Namen sind willkürlich, sie dienen lediglich der Anschauung.

Nur ein Teil der Personen der betrachteten Altersklasse sind Rentner, daneben können die Probanden in weiteren Berufssituationen stehen, etwa in einer Erwerbstätigkeit gegen Ende ihres Berufslebens. In der breit gewählten Grundgesamtheit der Cluster können außerdem deutliche Altersunterschiede auftreten, ebenso ist zu unterscheiden zwischen Personen mit und ohne Pkw-Verfügbarkeit. Tabelle 16 listet die Verteilung dieser Merkmale für die drei Cluster auf.

Untergruppe der 55-80-jährigen	n	Sehrmobil [% gewichtet]	Wenigmobil [% gewichtet]	Viele Wege [% gewichtet]
Männer 55-80	3607	19.2	49.9	30.9
Frauen 55-80	3933	9.2	72.4	18.4
Männer ohne Pkw	405	5.4	74.7	19.9
Männer mit Pkw	3202	22.0	44.8	33.2
Frauen ohne Pkw	1550	4.3	82.0	13.7
Frauen mit Pkw	2383	14.2	62.5	23.3
Männer Vollzeit	712	36.3	33.4	30.3
Männer Rente	2543	13.7	55.1	31.2
Frauen Vollzeit	275	17.4	57.4	25.2
Frauen Rente	2334	8.22	74.5	17.3
Männer 55-60	953	29.5	37.6	32.9
Männer 61-70	1837	16.8	49.0	34.2
Männer 71-80	817	12.2	63.7	24.1
Frauen 55-60	1095	12.2	62.4	25.4
Frauen 61-70	2048	9.2	69.0	21.8
Frauen 71-80	790	7.4	81.5	11.1

Tabelle 16: Verteilung der 55-80-jährigen auf drei verschiedene Mobilitätscluster. Datenquelle: MOP 1994 – 2007

Die simultane Betrachtung der Zugehörigkeit zu einem der Cluster sowie einer weiteren diskriminierenden Variablen erlaubt einen Chi-Quadrat-Test auf Unabhängigkeit (auch Vier-Felder-Test genannt). Als Nullhypothese fungiert hier die Behauptung, dass bei einer Klassierung nach einer diskriminierenden Variablen die Anteile in den verschiedenen Klassen nicht unterschiedlich ausfallen. Diese Nullhypothese kann für die Merkmale Geschlecht, Altersklasse, Beruf und Pkw-Verfügbarkeit mit hoher Signifikanz abgelehnt werden – anders formuliert: Die drei Cluster unterscheiden sich untereinander signifikant nach den Merkmalen Geschlecht, Alter, Beruf und Pkw-Verfügbarkeit.

Anhand der Ergebnisse aus Tabelle 16 können die Beobachtungen der vorigen Kapitel bestätigt werden: In der betrachteten Altersklasse sind Männer häufiger im „sehrmobilen“ Cluster als Frauen, Berufstätige häufiger als Personen ohne Erwerbstätigkeit, und Personen mit Pkw häufiger als Personen ohne. Für Männer und Frauen steigt der Anteil des „wenigmobilen“ Clusters mit dem Alter deutlich an. Mit zunehmendem Rentenalter steigt also die Zahl der „Wenigmobilen“, während die Zahl der „Sehrmobilen“ sinkt.

Der Cluster „Viele Wege“ ist am Stärksten vertreten unter den Männern von 55 – 70, sowohl unter den Vollzeiterwerbstätigen, als auch unter den Rentnern. Dieser Mobilitätstyp tritt deutlich häufiger auf unter Männern mit Pkw-Zugang. Wie in Tabelle 15 zu sehen ist, unterscheidet sich der Cluster „Viele Wege“ von anderen Mobilitätstypen durch eine auffallend überdurchschnittliche Zahl Einkaufs- und Freizeitwege, während die Zahl der Arbeitswege ein Stück unter denen des „sehrmobilen“ Clusters liegt. Neu-Rentner und Personen kurz vor der Rente scheinen also Rückgänge bei den Arbeits- und dienstlichen Wegen durch zusätzliche freiwillige Wege zu kompensieren – dabei werden längere Arbeitswege durch kürzere Einkaufs- und Freizeitwege ersetzt.

4.5 Prototypische Mobilitätsbiographien

Die vorliegenden Ergebnisse belegen, dass unter den beispielhaft analysierten Rentnern verschiedene Mobilitätstypen auftreten. Außerdem deuten die Ergebnisse darauf hin, dass in der wichtigen Klasse der Rentner und Personen im rentennahen Alter verschiedene Effekte eine Rolle spielen: Mit dem Renteneintritt findet in einigen Fällen ein Rückgang der Verkehrsnachfrage statt, dieser Rückgang kann jedoch auch vorgelagert sowie nachgelagert eintreten. Insbesondere bei zusätzlichen Ereignissen im Verlauf der Rente kann die Mobilität weiter sinken. Daneben können Alterseffekte auch in der Rente eine Rolle spielen.

Die Ereignisse können ferner untereinander korreliert sein. Diese Mischung aus verschiedensten Einflussfaktoren und gleitenden Übergängen ist für Individuen selbst mit Paneldaten schwer darstellbar: Einerseits deckt das Mobilitätspanel nur drei Jahre ab, andererseits jeweils nur eine Woche des Jahres, wobei nicht bekannt ist, wie zeitnah diese Woche zu den eingetretenen Ereignissen liegt.

Jedenfalls legen die Ergebnisse nahe, dass Mobilitätsbiographien nicht so angenehm stetig zu verlaufen scheinen wie in Abbildung 19 postuliert, sondern eher flatternd wie in Abbildung 24:

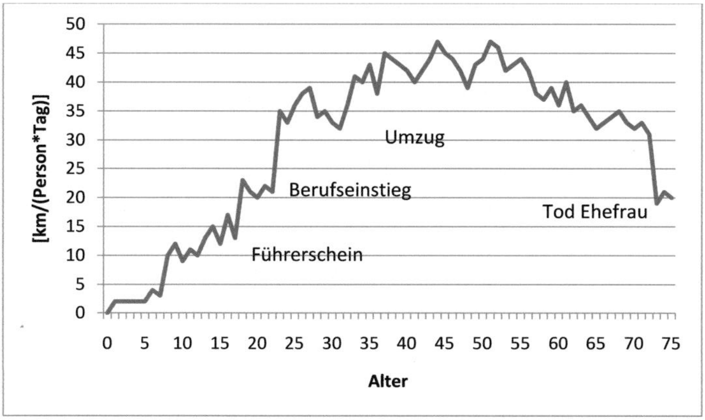

Abbildung 24: Angepasste prototypische Mobilitätsbiographie eines fiktiven Rentners

Es lassen sich somit verschiedene Probleme bei der Erstellung und Fortschreibung von Mobilitätsbiographien zusammenfassen:

- Gerade zentrale Lebensereignisse sind mit Selektivitätseffekten in der Datenerhebung korreliert: Personen, bei denen besondere Ereignisse im Leben stattfinden, welche die Mobilität reduzieren, scheiden mit höherer Wahrscheinlichkeit vorzeitig aus dem Panel aus. Es ist beispielsweise gut nachvollziehbar, dass Personen ungern an einer weiteren Erhebungswelle teilnehmen, wenn sie umgezogen sind oder den Tod eines Familienangehörigen betrauern.
- Um Mobilitätsverhalten über gesamte Lebensläufe zu beschreiben, werden große Stichproben an Paneldaten benötigt, da nach verschiedenen Variablen klassiert werden muss und insbesondere die Klassierung nach Alter recht fein erfolgen muss.
- Der Zusammenhang früherer Ereignisse im Leben auf spätere Verhaltensänderungen kann mit den vorliegenden Daten nicht geklärt werden. Beispielsweise kann nicht untersucht werden, ob und wie sich der Zeitpunkt des Führerscheinerwerbs auf das Mobilitätsverhalten in späteren Lebensphasen auswirkt.
- Eine Fortschreibung der Mobilitätsbiographien für eine gesamte Bevölkerung benötigt an verschiedenen Stellen die Quantifizierung exogener Einflüsse und stellt sich extrem rechenintensiv dar.
- Das Verhalten in Lebenssituationen sowie die Verhaltensänderungen bei Übergängen werden an Daten der Vergangenheit kalibriert, für die Zukunft werden hier gleiches Verhalten und gleiche Verhaltensänderungen postuliert.

> Diese Annahme muss jedoch nicht zutreffen. Dieses Problem haben die Mobilitätsbiographien mit den verhaltenshomogenen Gruppen gemeinsam.

Zur Verwendung von Mobilitätsbiographien für die Prognose der Verkehrsnachfrage werden somit weitere Daten benötigt: Zusätzliche Erhebungsjahre und Personenübergänge sowie ferner Retrospektivfragen, um den langfristigen Zusammenhang zwischen verschiedenen Lebenssituationen zu klären. Es müssen Vorstellungen gewonnen werden über verschiedene Prozesse wie die Entwicklung von Familienrollen und Renteneintrittsalter. Die Umsetzung des Konzepts würde dann detaillierte Erkenntnisse versprechen, ist jedoch sehr aufwändig und ambitioniert. Daher wird im folgenden Kapitel ein pragmatischerer Ansatz vorgestellt, der auf der analytischen Trennung von Alters- und Kohorteneffekten beruht.

5 Modellierung der Alters- und Kohorteneffekte

Eine effektive Methode, demographische Trends in zukünftige Nachfragemodelle zu integrieren, stellt die Trennung von Alters-, Perioden- und Kohorteneffekten (APC) dar – dieses Prinzip soll in diesem Kapitel vorgestellt und im nachfolgenden Kapitel 6 beispielhaft angewendet werden.

Im ersten Abschnitt dieses Kapitels werden Alters-, Kohorten- und Periodeneffekte definiert. Grundlage von APC-Modellen sind Regressionsverfahren, deshalb schildert Abschnitt zwei die Theorie und Voraussetzungen dieser Verfahren. Abschnitt drei beschreibt Umsetzungen von APC-Modellen in der Literatur und weist auf methodische Probleme hin. In Abschnitt vier wird ein APC-Modell für die Verkehrsleistung in Deutschland geschätzt und in Abschnitt 5 zur makroskopischen Fortschreibung in die Zukunft eingesetzt. APC-Modelle können jedoch auch für mikroskopische Verfahren Input liefern, mit diesem Thema beschäftigt sich das darauffolgende Kapitel 6.

5.1 Unterscheidung der Effekte

Beobachtet man das Mobilitätsverhalten über den Lebenslauf einer Population, so können für unterschiedliche Altersgruppen unterschiedliche Mittelwerte gemessen werden – verschiedene Illustrationen hierzu liefert Kapitel 3. Dabei spielen jedoch nicht nur Alterseffekte eine Rolle, sondern auch sogenannte Perioden- und Kohorteneffekte. Diese Unterscheidung findet man beispielsweise bei Höpflinger (2008) und Diekmann (2006). Die Effekte lassen sich wie folgt voneinander trennen:

- Alter (A): Das Alter beschreibt die verstrichene Zeit seit dem Eintritt eines zentralen Ereignisses. Häufig verwendet man dafür die Geburt und betrachtet somit Lebensalter, aber denkbar ist zum Beispiel auch die verstrichene Zeit seit Betriebseintritt oder seit der Eheschließung. Lebensalter ist zuerst einmal direkt verknüpft mit körperlicher und geistiger Entwicklung, aber auch mit Erfahrungen. Ein weiterer Erklärungswert von Alter ergibt sich, da es mehr oder weniger stark korreliert ist mit verschiedensten Lebenssituationen wie Schulausbildung, Heirat oder Rente.
- Kohorte (C): Ein zentrales Ausgangsereignis liegt im selben Zeitraum. Auch hier werden häufig Geburtskohorten betrachtet, beispielsweise alle Menschen, die 1950 geboren wurden. Möglich sind aber auch andere Kohorten, beispielsweise Heiratskohorten, also alle Paare, die etwa im Jahr 1990 geheiratet haben, oder Betriebseintrittskohorten. Die Vorstellung bei Geburtskohorten ist, dass Menschen mit gleichem Geburtsjahr von ähnlichen Sozialisationsbedin-

gungen geprägt werden und sie daher ähnliche Verhaltensweisen zeigen. Es ist durchaus sinnvoll, die Bevölkerung nach weiteren Variablen wie Bildung oder Migrationshintergrund aufzuschlüsseln, um die Sozialisationsbedingungen genauer auszudrücken. Zu einer Diskussion der Variablenauswahl siehe beispielsweise Koch und Schmalenbach (1978) und Gatzweiler (1978).

- Periode (P): Der Zeitpunkt der Beobachtung, also bei der letzten MiD beispielsweise das Jahr 2002. Dabei erklärt offensichtlich nicht der Zeitpunkt selber das Verhalten, sondern mit der Periode verbundene Ereignisse. Diese Ereignisse können in drei Kategorien unterteilt werden, die allesamt auch Auswirkungen auf die Verkehrsnachfrage haben können:
    - Einmalige Ereignisse mit einmaliger Wirkung (z. B. Eisregen)
    - Einmalige Ereignisse mit dauerhafter Wirkung (z. B. Kürzung der Pendlerpauschale, die Terroranschläge des 11. September)
    - Dauerhafte Entwicklungen und Trends (z. B. Rezession oder stetig steigende Benzinpreise)

  Dauerhafte Entwicklungen sind oft schwer zu quantifizieren, da sie über zahlreiche Perioden wirken können und somit größere Datenmengen benötigen. Außerdem können hier die tatsächlichen und subjektiv wahrgenommenen Entwicklungen voneinander abweichen.

Wünschenswert wäre nun, Alters-, Perioden und Kohorteneffekte analytisch voneinander zu trennen, also die Varianz eines einzelnen Effekts, etwa des Alters, zu isolieren, während man die anderen Effekte konstant hält (ceteris paribus). Dieses Prinzip bildet die Grundlage von Regressionsverfahren.

5.2 Regressionsverfahren

Regressionsverfahren gehen von der Annahme aus, dass eine abhängige Variable y, der Regressand, zu einem gewissen Grad durch eine oder mehrere unabhängige Variablen x, die Regressoren, erklärt werden kann (zu einer ausführlichen Beschreibung siehe etwa Bol 1995; Wooldridge 1999). Denkbar ist beispielsweise der funktionale Zusammenhang, dass der von einer Person ausgegebene Geldbetrag für Mobilität mit seinem Einkommen und mit zunehmendem beruflichem Erfolg steigt. Die einfachste Form der Regressionsgleichung nimmt einen linearen Verlauf aller Variablen an:

$$y = \beta_0 + \sum \beta_i x_i + \varepsilon \tag{5.1}$$

Mit: y Zu erklärende Größe (Regressand)
x_i Erklärende Variablen (Regressoren)
β_0 Konstante
β_i Modellparameter
ε Störterm

Die Parameter β_i seien dabei nach der Modellannahme identisch für alle Beobachtungen und sollen möglichst viel der Varianz des Regressanden erklären. ε ist ein Störterm und beschreibt weitere unbekannte oder nicht beobachtbare Größen, die den Regressanden zusätzlich zu den Regressoren beeinflussen. Aus analytischen Gründen ist es notwendig, einen Mittelwert von 0 für ε anzunehmen – dies kann ohne Beschränkung der Allgemeinheit erreicht werden, indem die Modellkonstante β_0 geeignet gewählt wird. Unter dieser Annahme vereinfacht sich das zu schätzende Modell somit zu:

$$y = \beta_0 + \sum \beta_i x_i \tag{5.2}$$

Gesucht ist nun ein Satz Parameter β_i, welcher für die Gesamtheit der Beobachtungen die Variable y bestmöglich erklärt. Was als bestmöglich angesehen wird, kann unterschiedlich definiert werden – gängig sind die Kriterien der Kleinsten Quadrate und Maximum Likelihood. Im einfachen linearen Modell liefern diese beiden Ansätze dasselbe Ergebnis, dies gilt jedoch nicht für nichtlineare Verfahren wie das weiter unten vorgestellte Logit-Modell. Da außerdem insbesondere nichtlineare Modelle meist nicht analytisch, sondern numerisch mit Heuristiken geschätzt werden, können die Ergebnisse zusätzlich vom Näherungsverfahren und von weiteren Einstellungen wie dem Abbruchskriterium abhängen – dies sollte bei der Interpretation stets berücksichtigt werden.

Regressoren und Regressanden können stetig sein, dies wäre etwa bei der Verkehrsleistung oder dem Einkommen der Fall, sie können aber auch diskret ausfallen, etwa bei der Zahl der Pkw in einem Haushalt. Ein Spezialfall diskreter Variablen sind sogenannte Dummy- oder Binärvariablen, die nur den Wert eins oder null annehmen, beispielsweise ob eine Person den Führerschein besitzt (Variablenausprägung 1) oder nicht (Ausprägung 0). In den untenstehenden Alters- Kohortenmodellen wird die Zugehörigkeit zu einer Altersklasse und zu einer Kohorte mit Dummy-Variablen dargestellt.

Für eine Standard-Schätzung eines Regressionsmodells sollten die sogenannten Gauß-Markov-Eigenschaften erfüllt sein. Gängige Statistikpakete bieten jedoch auch Verfahren an, welche bei Verletzung einzelner Gauß-Markov-Eigenschaften robuste Schätzwerte liefern. Selbst bei robuster Schätzung muss allerdings die Gauß-Markov-Bedingung erfüllt sein, dass keine der unabhängigen Variablen durch eine Linearkombination der übrigen unabhängigen Variablen erklärt werden kann – dieses Problem tritt auch bei untenstehenden Alters-Perioden-Kohorten-Modellen auf: Teilt man eine Bevölkerung in n vollständige und disjunkte Altersklassen auf, so reichen bereits n-1 Binärvariablen aus, um die Altersklasse einer Person zu definieren. Gehört die Person bereits einer der n-1 Altersklassen an, so kann sie nicht der letzten Klasse angehören. Ist sie umgekehrt in keiner der n-1 Klassen zu finden, muss sie der letzten Klasse angehören. Diese lineare Abhängigkeit der erklärenden Variablen führt dazu, dass das Modell überbestimmt ist und nicht geschätzt werden kann. Es können daher nur n-1 Klassen modelliert werden. Die nichtmodellierte Klasse n wird zur sogenannten Referenzklasse, die verbleibenden Variablen drücken daraufhin jeweils die Differenz zur Referenzklasse aus.

In einigen Fällen ist auch der Regressand binär. Modelliert wird unten der Fall, ob eine Person über ein Auto verfügt oder nicht. Nimmt man hier ein lineares Modell, welches den Pkw-Besitz zum Beispiel mit dem verfügbaren Einkommen erklären möchte, so ergeben sich keineswegs nur die Zielwerte 0 und 1, stattdessen kann ein größeres Intervall der reellen Zahlen als Zielmenge auftreten. Recht unproblematisch sind dabei reelle Werte zwischen 0 und 1, diese können als Wahrscheinlichkeit interpretiert werden, dass der Proband über einen Pkw verfügt. Nicht einmal als Wahrscheinlichkeiten interpretierbar sind jedoch Werte unter 0 oder über 1. Um dieses Problem zu lösen, muss das Modell nichtlinear erweitert werden. Dazu wird die bedingte Wahrscheinlichkeit gesucht:

$P(y=1 \mid x)$,

also die Wahrscheinlichkeit, dass y den Wert 1 annimmt unter der Bedingung, dass die erklärenden Variablen die Werte x annehmen.

Hierzu muss eine geeignete Funktion G gewählt werden mit:

$$G(\beta_0 + \sum x_i \beta_i) = P(y=1 \mid x) \tag{5.3}$$

Naheliegend ist hier die Annahme einer Normalverteilung, dies führt jedoch bei der Ausformulierung des Modells zu einem Integral, das analytisch nicht gelöst werden kann. Daher wird für G in einer Art Reverse Engineering häufig eine logistische Funktion gewählt. Deren Dichtefunktion sieht bildlich gesprochen aus wie eine Normalverteilung, die einen Schlag von oben auf die Glockenkurve bekommen hat: Ähnlich im Verlauf, jedoch gestaucht mit dickeren Enden rechts und links. Der entscheidende Vorteil der logistischen Verteilung ist die Möglichkeit, über sie analytisch zu integrieren. Das resultierende Modell nennt sich entsprechend der zugrundeliegenden Funktion Logit.

Die Güte des linearen Modells kann nach Schätzung des Parametes durch den sogenannten R-Quadrat-Wert bestimmt werden – dies ist der Anteil der Variation der Variablen y, welche durch das Modell erklärt werden kann. Dieser Anteil liegt zwischen 0 und 1. Für das Logit-Modell existiert kein vergleichbar anschaulicher Indikator; häufig wird hier der sogenannte Likelihood Ratio Index (LRI) verwendet, dieser drückt jedoch lediglich ein Verhältnis zweier Werte der Log-Likelihood-Funktion aus und ist damit nur schwer interpretier- oder vergleichbar.

In der Verkehrsplanung wird häufig eine äquivalente Herleitung des Logit-Modells über diskrete Wahlmodelle verwendet. Grundlage ist hier die Gumbel-Verteilung der Störterme und die mikroökonomische Theorie des nutzenmaximierenden Individuums, des sogenannten Homo Oeconomicus. Eine Diskussion der Nutzenmaximierung findet sich etwa bei Varian (1989), Herleitungen der diskreten Wahlmodelle unter anderem bei Train (2003) und Ben-Akiva und Lerman (1985).

5.3 APC-Modelle

Ein Spezialfall der Regressionsverfahren sind Alters- Perioden- Kohortenmodelle, mit denen eine Kenngröße durch die Effekte Beobachtungszeitraum (Periode) sowie Alter und Kohorte der zugrundeliegenden Bevölkerung erklärt werden soll. Formal lässt sich dies mit folgender Gleichung ausdrücken:

$$y_{ij} = \beta_0 + \sum a_i * Alter_i + \sum p_j * Periode_j + \sum k_{j-i} * Kohorte_{j-i} + \varepsilon_{ij} \qquad (5.4)$$

Mit:

y	Zu erklärende Mobilitätskennziffer (Regressand)
i	Altersklasse
j	Beobachtungsjahr (Periode)
j-i	Geburtskohortenklasse
β_0	Modellkonstante
a	Altersparameter
p	Periodenparameter
k	Kohortenparameter
ε	Störterm

Erklärt werden soll eine Mobilitätskennziffer y einer Person in der Altersklasse i für die Periode j, in welcher die Person der Kohorte j – i angehört. Zum Beispiel: Erklärt werde die durchschnittliche Kilometerzahl pro Person und Tag (y) einer Person der Altersklasse 48-52 (i) in der Periode Jahr = 2005 (j). Aus dem linearen Zusammenhang ergibt sich die korrespondierende Alterskohorte 1953 – 1957.

Voraussetzung zur Schätzung dieses Modells ist ein Daten-Längsschnitt in Form eines Pseudo-Panels: Verfügt man beispielsweise über jährliche Beobachtungswellen von 1994 – 2007, so können für verschiedene Perioden Kohorten in unterschiedlichen Altersjahren betrachtet werden. Abbildung 25 visualisiert für ein Pseudo-Panel von 1994 – 2007 das Prinzip der Alters- und Kohorteneffekte:

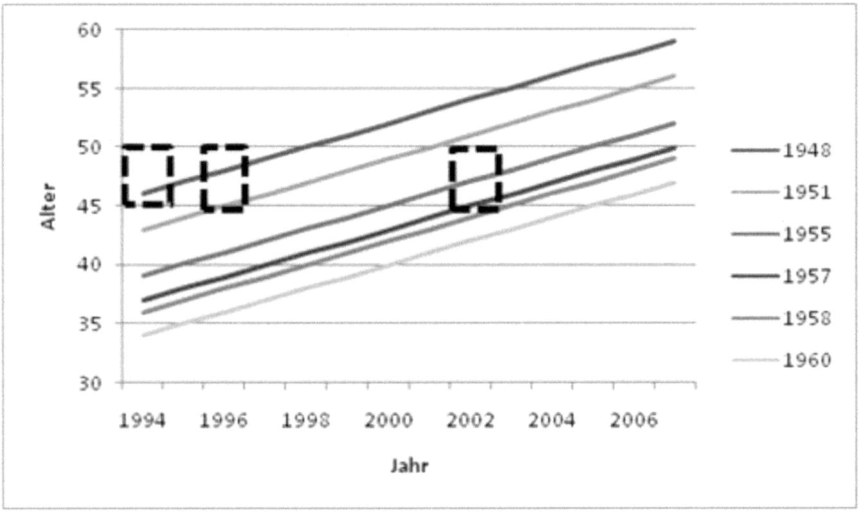

Abbildung 25: Alters- und Kohorteneffekte in einem Pseudo-Panel

Dargestellt sind hier sechs verschiedene Geburtsjahrgänge, also Kohorten. Es bietet sich nun an, Personen nach Alter zu klassieren, also beispielsweise die 35-39jährigen, 40-44jährigen, 45-49jährigen usw. zusammen zu fassen. Betrachtet man beispielhaft die Besetzung der Altersklasse 45-49 über die Zeit, so ist zu erkennen, dass sie von unterschiedlichen Kohorten gefüllt wird. Im ersten Beobachtungjahr 1994 liegt lediglich die Kohorte 1948 in dieser Altersklasse. 1996 ist dies noch immer der Fall, es liegt jedoch auch die Kohorte 1951 in dieser Altersklasse. Im Jahr 2002 können innerhalb der Klasse erneut zwei Kohorten beobachtet werden, und zwar die Kohorten 1955 und 1957. Im Laufe der Zeit durchwandern also unterschiedliche Kohorten die betrachteten Altersklassen.

Umgekehrt fallen auch Kohorten im Laufe der Längsschnittbeobachtung in verschiedene Altersklassen. Die Kohorte 1960 beginnt etwa in der Altersklasse 30-34 und arbeitet sich hoch bis in die Altersklasse 45-49 ab dem Jahr 2005. Bei einem längeren Beobachtungszeitraum hat man somit verschiedene Kombinationen aus Alters-Kohorten- und Periodenbeobachtungen. Verwendet man in einem Regressionsmodell nun Alters-, Perioden- und Kohortenvariablen, so können diese Effekte analytisch getrennt werden.

Was in der Theorie einfach klingt, hat in der Umsetzung jedoch verschiedene inhaltliche und methodische Probleme:

- Bei einfacher Darstellung besteht offensichtlich ein linearer Zusammenhang zwischen den drei Größen: C + A = P. Die dritte Größe ergibt sich also automatisch, wenn die beiden anderen Größen bereits gegeben sind. Dieser lineare Zusammenhang stellt eine gravierende Verletzung der in Abschnitt 5.2 genannten Gauß-Markov-Eigenschaften dar und führt dazu, dass ein Regressionsmodell überbestimmt und somit nicht schätzbar ist.
- Der Periodeneinfluss nur als Jahreszahl gesehen erklärt nichts. Die massiven Verschiebungen im Fernverkehr im Herbst 2001 sind beispielsweise nicht auf die Jahreszahl 2001 zurückzuführen, sondern auf die Terroranschläge in den Vereinigten Staaten. Die letzten vier Monate des Jahres 2001 haben folglich mit den ersten zwei Dritteln des Jahres zwar die Jahreszahl gemein, gehören ansonsten aber offensichtlich in verschiedene Perioden.
- Die Kohorte als reine Jahreszahl erklärt wenig: Ein gemeinsames Geburtsjahr erzeugt noch keine Solidarität, während ähnliche Sozialisationsbedingungen selten zum Jahreswechsel enden. Gleichzeitig sind Sozialisationsbedingungen stark klassen- und herkunftsabhängig und können daher auch für gleiche Geburtskohorten unterschiedlich ausfallen.
- Das chronologische Alter wirkt häufig ebenfalls unterschiedlich auf Individuen. Beispielsweise können gesundheitliche Einschränkungen im Alter bei einigen Personen sehr gravierend ausfallen, während sie bei anderen praktisch nicht stattfinden.
- Die Effekte können durch das Modell zwar quantifiziert werden, jedoch werden Ursachen für diese Effekte durch das APC-Modell alleine nicht sichtbar. Ein Anstieg bei der Verkehrsnachfrage der Frauen als Alters- oder Kohorteneffekt kann beispielsweise unter anderem ausgelöst werden durch einen steigenden Anteil an Erwerbstätigen.
- Alle drei Größen können massiv miteinander korreliert sein: Insbesondere Periodeneffekte können zu drastisch unterschiedlichen Auswirkungen auf ver-

schiedene Altersklassen und Kohorten führen. Ein Beispiel wäre eine Rentenreform, die sich sowohl unterschiedlich auf Altersklassen auswirkt (Rentenempfänger versus Beitragszahler), als auch auf verschiedene Kohorten (rentennahe versus rentenferne Beitragszahler).

Viele dieser Probleme lassen sich jedoch bereits lösen, wenn man die rein operationale Sichtweise auf Alter, Kohorte und Periode aufgibt. Im obigen Beispiel könnte man anstelle der Jahreszahl als Perioden-Variable den Periodeneinfluss im Fernverkehr ausschließlich auf eine Binärvariable beschränken, welche die Zeit nach dem 11. September 2001 abdeckt. Perioden sind dann nicht mehr Jahre, sondern lediglich die Zeitspannen vor und nach dem 11. September 2001. Auch Alter und Kohorten können geeignet klassiert werden, beispielsweise sollte die Volljährigkeit und damit das Recht auf den Führerscheinerwerb möglichst zwischen zwei Klassengrenzen eintreten. Wenn zumindest eine der drei Variablen derart inhaltlich klassiert wird, so kann im günstigen Fall bereits der lineare Zusammenhang der Größen Alter, Kohorte und Periode aufgehoben und somit zumindest das Identifikationsproblem gelöst sein.

Möchte man die Homogenität der Sozialisationsbedingungen innerhalb einer Kohorte erhöhen, so können neben Alter und Geschlecht weitere Differenzierungen durchgeführt werden, beispielsweise nach Bildungsabschluss, sozialer Klasse oder Raumtyp. Eine derartige Differenzierung ist in der Theorie sinnvoll, würde aber schnell an die Grenzen der Stichprobengröße der verwendeten Verkehrserhebungen führen. Dies gilt insbesondere für teure Erhebungen wie tagebuchgestützte Verkehrserhebungen. Um ausreichende Stichprobengrößen sicherzustellen, werden daher im Folgenden Kohorten nur nach Alter und Geschlecht klassiert und außerdem jeweils mehrere Jahrgänge zusammen gefasst.

5.4 Modellierung der Verkehrsnachfrage

In der Literatur finden sich verschiedene Umsetzungen derartiger Alters- Perioden-Kohortenmodelle. Populär sind diese Modelle unter anderem in der Medizin, siehe etwa Robertson und Boyle (1998). In der Verkehrsplanung schätzen Strambi et al. (2001) mit einem derartigen Modell beispielsweise die Pkw-Ausstattung in verschiedenen Raumtypen, Dargay et al. (2000) schätzen den Pkw-Besitz, während Krakutovski die Kilometer pro Haushalt und Jahr mit Alters- Perioden- und Kohorteneffekten vergleicht (siehe hierzu Hivert et al. 2008).

Im Folgenden wird ein ähnlicher Ansatz wie bei Krakutovski gewählt: Es wird mit den Kilometern pro Person und Tag ebenfalls eine stetige Größe erklärt, weshalb sich zur Erklärung ein lineares Regressionsmodell anbietet, außerdem werden wie bei

Krakutovski Kohorten und Alter jeweils für fünf Jahre zusammengefasst. Der auffallendste Unterschied ist jedoch die Bezugsgröße: Krakutovski modelliert den Zusammenhang auf Haushaltsebene und nutzt dafür die Alters- und Kohorteninformationen vom Haushaltsvorstand, da im französischen Datensatz „Parc Auto“ keine hinreichenden Informationen auf Personenebene vorliegen. Dies ist jedoch im Mobilitätspanel der Fall, deshalb kann hier das Modell auf Personenebene geschätzt und zusätzlich nach Geschlecht klassiert werden.

Definiert man nun lediglich wenige zentrale Periodenereignisse als Binärvariablen, so lässt sich das oben unter (5.4) zitierte Regressionsmodell vereinfachen: Die Konstante β_0 kann ohne Beschränkung der Allgemeinheit so gewählt werden, dass der Störterm ε im Mittel 0 ergibt. Alter und Kohorte sind jeweils Binärvariablen-Vektoren, die eine Eins enthalten für die zur beobachteten Person korrespondierende Altersklasse beziehungsweise Kohorte, ansonsten sind die Vektoren mit Nullen gefüllt. Entsprechend besteht der Vektor Periode aus Binärvariablen, die jeweils schalten, wenn die Beobachtung in die Zeitspanne des betrachteten Ereignisses fällt, ansonsten nehmen die Variablen ebenfalls den Wert null an. Löscht man nun diese Nullzeilen, so lässt sich die Regressionsgleichung vereinfachen zu:

$$y_{ij} = \beta_0 + a_i + p_j + k_{j-i} \tag{5.5}$$

Mit:		
	y	Zu erklärende Mobilitätskennziffer (Regressand)
	i	Altersklasse
	j	Beobachtungsjahr (Periode)
	j-i	Geburtskohortenklasse
	β_0	Modellkonstante
	a	Altersparameter
	p	Periodenparameter
	k	Kohortenparameter

Auch wenn die Periodeneffekte hier derart definiert sind, dass keine lineare Abhängigkeit mit den Kohorten- und Altersvariablen vorliegt, so sind zumindest die Alters- und Kohortenvektoren noch immer überbestimmt und somit eine wichtige Gauß-Markov-Eigenschaft verletzt. Wie in Abschnitt 5.2 beschrieben, müssen daher Referenzklassen gebildet werden: Jeweils eine Kohorte und Altersklasse bekommen im Modell keine Parameter, die Parameter der verbleibenden n-1 Klassen drücken dadurch jeweils den Einfluss der betrachteten Klasse im Vergleich zur Referenzklasse aus.

Für die Auswertung wurden sämtliche KONTIV, MiD und MOP-Daten zusammengefügt. Um die Vergleichbarkeit der Datensätze zu gewährleisten, sind neben den bereits in Abschnitt 2.5.1 beschriebenen KONTIV-Überarbeitungen die folgenden Anpassungen erforderlich:

- Weil in den KONTIVs lediglich an einem Tag erhoben wurde, werden auch beim Mobilitätspanel Personentage statt Personenwochen betrachtet.
- Die soziodemographischen Gewichte werden je Datensatz auf Mittelwert 1 normiert. Das bedeutet, dass beispielsweise innerhalb der KONTIV 1982 der Mittelwert über alle Gewichte 1 ergibt.
- Während im Mobilitätspanel durch die gesamte Erhebungswoche an jedem Wochentag mit gleicher Wahrscheinlichkeit erhoben wurde, ist die Erhebungswahrscheinlichkeit in einigen KONTIVs an den Wochentagen unterschiedlich. Daher müssen die Gewichte in den KONTIVs weiter angepasst werden, so dass jeder Befragungstag innerhalb eines Datensatzes gleich wahrscheinlich auftritt.
- Als Periodenvariablen werden vier Binärvariablen verwendet, die jeweils 1 sind, wenn der Datensatz aus der entsprechenden KONTIV / MiD stammt, 0 sonst. Aus Gründen der linearen Abhängigkeit (Gauß-Markov-Annahmen) wird für die MOP-Daten keine Binärvariable definiert. Diese Binärvariablen beinhalten einerseits einen Periodeneffekt, da die Wellen zu unterschiedlichen Zeiträumen stattgefunden haben. Andererseits können sie methodische Unterschiede in den Datenerhebungen berücksichtigen, die bei der Datenvereinheitlichung nicht abgefangen werden konnten.

Erklärt werden sollen die Kilometer pro Person und Tag (km_{ij}), dafür werden je drei Modelle getrennt für Männer und Frauen geschätzt: Modell 1 beinhaltet nur Alters-, Kohorten- und Periodenvariablen, das Modell 2 kontrolliert zusätzlich über eine Binärvariable, ob die beobachtete Person über den Pkw-Führerschein verfügt, das dritte Modell kontrolliert Pkw-Führerschein und zusätzlich Pkw-Verfügbarkeit. Die Modellgleichungen lauten damit wie folgt:

Mod. 1 $$km_{ij} = \beta_0 + a_i + k_{j-i} + Datenquelle \tag{5.6}$$

Mod. 2 $$km_{ij} = \beta_0 + a_i + k_{j-i} + Datenquelle + \lambda * FS \tag{5.7}$$

Mod. 3 $$km_{ij} = \beta_0 + a_i + k_{j-i} + Datenquelle + \lambda * FS + \mu * Pkw\_Verfuegbarkeit \tag{5.8}$$

Mit:

VL	Kilometer pro Person und Tag
i	Altersklasse
j	Beobachtungsjahr (Periode)
β_0	Modellkonstante
a	Altersparameter
k	Kohortenparameter
Datenquelle	Binärvariable für Herkunft aus jeweiliger KONTIV-Welle
λ	Führerscheinparameter
μ	Pkw-Verfügbarkeits-Parameter

Alter und Kohorten werden jeweils zu 5-Jahresklassen zusammengefasst, angegeben ist jeweils der Mittelwert aller fünf Jahre, dieser ist durch fünf teilbar. Die Klasse a20 (20 ist teilbar durch fünf) beinhaltet also beispielsweise Personen von 18-22. Dadurch findet der Übergang der Altersklassen genau bei der Volljährigkeit mit 18 statt, es wird also das für die Verkehrsnachfrage wichtige Führerschein-Alter berücksichtigt. Die Variable k1960 (1960 ist ebenfalls teilbar durch 5) beinhaltet entsprechend die Geburtsjahrgänge 1958-1962.

Durch Kleinste-Quadrate-Schätzung ergeben sich die folgenden Parameterwerte für Männer (Tabelle 17) und für Frauen (Tabelle 18):

Männer							
R-Quadrat		0.06		0.07		0.07	
Gesamt-signifikanz		0.00		0.00		0.00	
Variable		**Schätzwert Modell 1**	**p-Wert**	**Schätzwert Modell 2**	**p-Wert**	**Schätzwert Modell 3**	**p-Wert**
Konstante		39.6	0.00	30.8	0.00	30.1	0.00
Altersvariablen	a15	-17.1	0.00	-8.9	0.00	-9.6	0.00
	a20	-3.2	0.00	-0.4	0.55	-1.1	0.12
	a25	-0.7	0.28	0.4	0.52	0.6	0.30
	a30	1.3	0.02	2.1	0.00	2.3	0.00
	a35	2.3	0.00	2.6	0.00	2.4	0.00
	a45	-0.9	0.04	-0.9	0.05	-0.8	0.09
	a50	-2.2	0.00	-2.3	0.00	-2.1	0.00
	a55	-4.4	0.00	-4.5	0.00	-4.2	0.00
	a60	-9.2	0.00	-9.7	0.00	-9.3	0.00
	a65	-12.7	0.00	-13.3	0.00	-12.6	0.00
	a70	-13.6	0.00	-14.3	0.00	-13.4	0.00
	a75	-16.4	0.00	-16.9	0.00	-15.9	0.00
	a80	-18.9	0.00	-19.0	0.00	-17.4	0.00
Kohortenvariablen	k1910	-5.6	0.00	-0.5	0.71	-0.6	0.64
	k1915	-1.1	0.34	2.2	0.06	1.7	0.14
	k1920	-2.5	0.01	-0.2	0.86	-0.4	0.69
	k1925	-1.8	0.03	-0.1	0.93	-0.4	0.60
	k1930	-1.6	0.03	-0.3	0.72	-0.7	0.36
	k1935	-1.2	0.05	-0.4	0.49	-0.6	0.32
	k1940	0.0	0.94	0.3	0.53	0.1	0.79
	k1945	-0.1	0.92	0.0	0.99	0.0	0.93
	k1955	0.2	0.65	0.0	0.97	0.3	0.48
	k1960	-1.1	0.04	-1.3	0.02	-0.7	0.16
	k1965	-0.4	0.45	-0.6	0.27	0.0	0.93
	k1970	-1.9	0.01	-3.1	0.00	-1.9	0.01
	k1975	0.8	0.34	-2.1	0.02	-1.0	0.27
	k1980	-2.6	0.01	-3.7	0.00	-2.4	0.02
Daten-herkunft	kontiv76	-8.8	0.00	-9.0	0.00	-8.3	0.00
	kontiv82	-6.8	0.00	-7.0	0.00	-6.6	0.00
	kontiv89	-10.1	0.00	-11.9	0.00	-11.3	0.00
	kontiv02	-4.6	0.00	-3.5	0.00	-3.5	0.00
Führerschein (λ)		X	X	9.7	0.00	-1.2	0.01
Pkw-Verfügbarkeit (μ)		X	X	X	X	11.8	0.00

Tabelle 17: Parameterschätzwerte APC-Modell Verkehrsleistung bei Männern. Datenquellen: KONTIV 1976, 1982, 1989, MiD 2002, MOP 1994 – 2007. Grau unterlegt: Nichtsignifikante Parameter auf 5%-Niveau. Definition Pkw-Verfügbarkeit s. S. 6.

Frauen							
R-Quadrat		0.06		0.07		0.08	
Gesamt-signifikanz		0.00		0.00		0.00	
Variable		**Schätzwert Modell 1**	**p-Wert**	**Schätzwert Modell 2**	**p-Wert**	**Schätzwert Modell 3**	**p-Wert**
Konstante		24.7	0.00	18.4	0.00	18.0	0.00
Altersvariablen	a15	-9.0	0.00	-3.1	0.00	-2.6	0.00
	a20	4.5	0.00	6.3	0.00	6.6	0.00
	a25	3.2	0.00	3.9	0.00	4.6	0.00
	a30	0.7	0.09	1.3	0.00	1.6	0.00
	a35	0.5	0.16	0.6	0.06	0.7	0.04
	a45	0.9	0.02	0.9	0.01	0.9	0.01
	a50	1.4	0.00	1.5	0.00	1.5	0.00
	a55	0.3	0.53	0.3	0.55	0.4	0.40
	a60	-0.8	0.15	-0.8	0.12	-0.7	0.22
	a65	-1.9	0.00	-2.1	0.00	-1.8	0.00
	a70	-3.5	0.00	-3.6	0.00	-3.0	0.00
	a75	-5.2	0.00	-5.3	0.00	-4.9	0.00
	a80	-7.6	0.00	-7.9	0.00	-7.2	0.00
	k1910	-6.7	0.00	-1.1	0.24	-0.9	0.33
Kohortenvariablen	k1915	-6.7	0.00	-1.6	0.07	-1.3	0.14
	k1920	-5.4	0.00	-1.3	0.07	-0.9	0.19
	k1925	-5.0	0.00	-1.4	0.02	-0.9	0.13
	k1930	-4.5	0.00	-1.7	0.00	-1.5	0.01
	k1935	-3.9	0.00	-1.9	0.00	-1.7	0.00
	k1940	-1.6	0.00	-0.6	0.14	-0.4	0.30
	k1945	-1.1	0.01	-0.6	0.09	-0.7	0.08
	k1955	1.9	0.00	1.5	0.00	1.7	0.00
	k1960	2.8	0.00	2.4	0.00	2.4	0.00
	k1965	3.0	0.00	2.5	0.00	2.7	0.00
	k1970	4.0	0.00	2.7	0.00	2.9	0.00
	k1975	7.9	0.00	5.6	0.00	5.5	0.00
	k1980	4.3	0.00	3.5	0.00	3.4	0.00
Datenherkunft	kontiv76	-7.8	0.00	-7.4	0.00	-7.5	0.00
	kontiv82	-6.6	0.00	-6.4	0.00	-6.5	0.00
	kontiv89	-8.3	0.00	-8.9	0.00	-8.9	0.00
	kontiv02	-3.3	0.00	-2.6	0.00	-2.7	0.00
Führerschein (λ)		X	X	7.3	0.00	0.1	0.73
Pkw-Verfügbarkeit (μ)		X	X	X	X	8.1	0.00

Tabelle 18: Parameterschätzwerte APC-Modell Verkehrsleistung bei Frauen. Datenquellen: KONTIV 1976, 1982, 1989, MiD 2002, MOP 1994 – 2007. Grau unterlegt: Nichtsignifikante Parameter auf 5%-Niveau. Definition Pkw-Verfügbarkeit s. S. 6.

Grau unterlegt sind jeweils die Parameter, die auf 5 %-Niveau nicht signifikant sind. Beim Vergleich der Alters-, Kohorten und Periodeneffekte lassen sich die folgenden Beobachtungen machen:

- Die Konstante und damit das Gesamtniveau der Kilometer pro Person und Tag ist bei Männern deutlich höher.
- Aufgrund der erheblichen intrapersonellen Varianz beträgt der R-Quadrat-Wert lediglich 6 – 8 %. Das Modell kann somit keinesfalls verwendet werden, um individuelle Personentage vorherzusagen, die Interpretation sollte stattdessen auf Eckwerte im Aggregat beschränkt bleiben.
- Bei den Männern hat das vierte Lebensjahrzehnt (30 – 40) die höchsten Parameterwerte, bei den Frauen das dritte Lebensjahrzehnt (20 – 30).
- Die Kohorteneffekte fallen bei Frauen deutlich stärker aus, dagegen sind bei Männern die Alterseffekte ausgeprägter. Dies erkennt man an der Höhe der Parameter, aber auch an der Zahl der signifikanten Variablen.
- Bei den Frauen sind die Kohorten bis etwa 1940 – 1945 deutlich weniger mobil als ihre Nachfolgerinnen.
- Während ebendiese alten Kohorten bei den Frauen im ersten Modell auffallend negative Werte haben, schwächt sich der Kohorteneffekt bei Integration der Variable Führerschein massiv ab.
- Die Modelle mit Führerschein und mit Pkw-Verfügbarkeit unterscheiden sich dagegen nur geringfügig. Bei Verwendung der Pkw-Verfügbarkeit nimmt die Bedeutung des Führerscheins stark ab, bei den Frauen verliert diese Variable sogar die Signifikanz.

Gerade aus den letzten drei Beobachtungen lassen sich interessante Schlüsse ziehen: Die wichtigste Kluft zwischen den Generationen liegt etwa beim Geburtsjahr 1940, der Effekt könnte somit durch die 68er-Generation soziologisch erklärt werden. War das Auto bis zum Kriegsende ein Luxusprodukt für wenige Reiche, so wurde es im jungen Nachkriegsdeutschland zwar omnipräsent, jedoch fuhren zumeist nur die männlichen Haushaltsvorstände. Mit den gesellschaftlichen Veränderungen in den späten Sechzigerjahren lösten sich derartige Rollenbilder zunehmend auf. Naheliegend ist außerdem, dass sich das Aktivitätsverhalten von Frauen aufgrund der neuen gesellschaftlichen Freiheiten geändert hatte. Es erscheint somit völlig plausibel, dass sich Frauen vor und nach der 68-er Generation im Mobilitätsverhalten signifikant unterscheiden.

Ein erheblicher Teil dieses Kohorteneffekts verschwindet jedoch, wenn man als weitere erklärende Variable den Führerschein integriert. Rentnerinnen mit Führerschein können also schon heute ein ähnliches Verhalten zeigen wie zukünftige Rentnerinnenkohorten mit Führerschein. Wie jedoch bereits die Ergebnisse aus Abschnitt 4.2.1 andeuteten, liegt hier der Erklärungsgehalt weniger im Führerschein selber, als in der Pkw-Verfügbarkeit.

Daher sollte die Entwicklung der Führerscheinzahlen beziehungsweise der Pkw-Verfügbarkeit genauer untersucht, quantifiziert und schließlich in die Verkehrsnachfragemodelle eingefügt werden – dies wird im folgenden Kapitel geschehen. Vorher soll aber noch demonstriert werden, wie die berechneten Parameter bereits zur Extrapolation der Verkehrsnachfrage eingesetzt werden können – dies ermöglicht immerhin schon einmal eine makroskopische Vorhersage.

5.5 Extrapolation der Verkehrsnachfrage

Für jedes Zieljahr kann über den linearen Zusammenhang jeweils für eine Kohorte das Alter ausgerechnet werden – in Abbildung 26 geschieht dies für die Zieljahre 2005 und 2030. Damit berechnet sich für eine Person i die zu erklärende Kenngröße, hier die Kilometer pro Person und Tag, als Summe aus der Konstanten β_0, des Kohortenparameters k_i der Person i und des korrespondierenden Altersparameters a_i. Eventuell dazu gefügt werden kann noch ein Periodeneffekt sowie weitere erklärende Variablen wie Pkw-Verfügbarkeit oder Führerschein. Für einen 1971 Geborenen berechnet sich somit im Jahr 2030 die durchschnittliche Kilometerzahl bei Reduzierung der Betrachtung auf Alters-, Perioden- und Kohorteneffekte gemäß der Klassierung:

$$km_{1971,\,2030} = \beta_0 + a_{58\text{-}62} + k_{1968\text{-}1972} + p_{2030} \qquad (5.9)$$

Mit:

$km_{1971,\,2030}$	Durchschnittliche Kilometer pro Person und Tag der Geburtskohorte 1971 im Jahr 2030
β_0	Modellkonstante
$a_{58\text{-}62}$	Alterseffekt der Klasse der 58-62jährigen
$k_{1968\text{-}1972}$	Kohorteneffekt der Klasse der zwischen 1968 und 1972 Geborenen
p_{2030}	Periodeneffekt des Jahres 2030

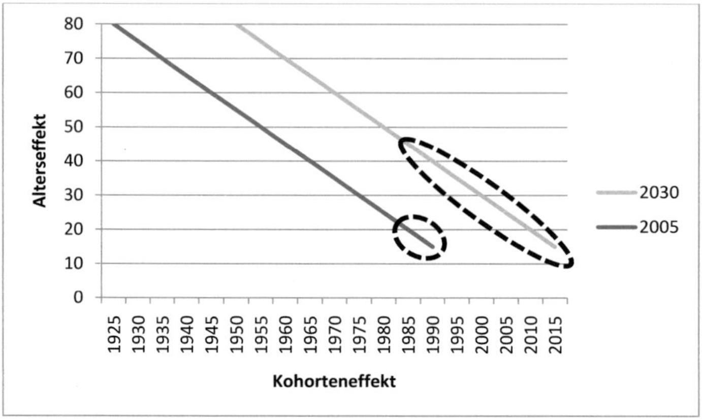

Abbildung 26: Alters- und Kohorteneffekte im AC-Modell für zwei Zieljahre

Ein Problem stellen dabei die Jahrgänge dar, die nicht oder nicht hinreichend im Kalibrierungsdatensatz abgebildet sind, da für sie noch keine Erkenntnisse über den Kohorteneffekt vorliegen. In Abbildung 26 sind zwei derartige Bereiche eingekreist. Für die weitere Berechnung wird daher angenommen, dass sich Kohorten ab 1983 verhalten wie das Mittel der Kohorten 1973-1977 und 1978-1982. Ebenso ist der Periodeneffekt eines Zieljahres außerhalb des Kalibrierungszeitraums offensichtlich nicht bekannt, ferner ist er in großem Maße exogen für die Verkehrsplanung und hängt von zahlreichen Größen wie Rohstoffpreisen und Einkommensentwicklung ab. In Abbildung 27 wurde die Verkehrsnachfrage für 2005 und 2030 ceteris paribus modelliert, also ohne Periodeneffekte:

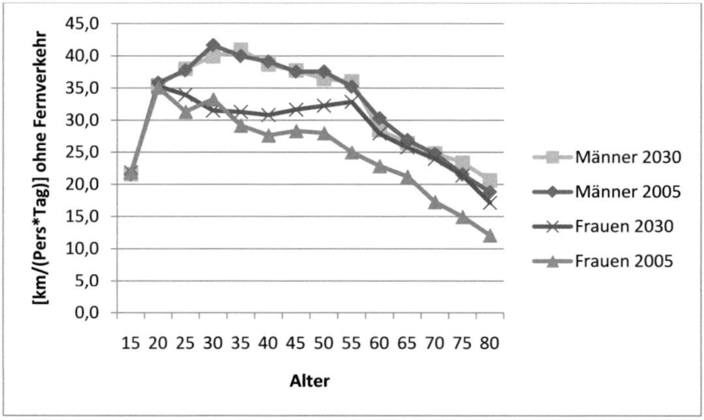

Abbildung 27: Ergebnisse APC-Modell Deutschland 2005 und 2030, Kilometer pro Person und Tag ohne Fernreisen über 100 km

Zu erkennen ist ein Aufholeffekt der Frauen insbesondere der älteren Jahrgänge zwischen 2005 und 2030. Bei den Männern scheinen die Entwicklungen schon heute im Wesentlichen konvergiert zu haben.

Bei dieser Art von Extrapolation handelt es sich um einen rein makroskopischen Ansatz, der bereits erste Einblicke in die Verkehrsnachfrage der Zukunft liefern kann. Die vorgestellten Alters- Kohortenmodelle können jedoch auch wichtige Eingaben für mikroskopische Verkehrsnachfragemodelle liefern – dieses Vorgehen stellt einen zentralen Baustein im folgenden Anwendungsfall dar.

6 Modellierung der Verkehrsentstehung 2025

Im Folgenden soll untersucht werden, wie die gewonnenen Erkenntnisse in die mikroskopische Modellierung zukünftiger Verkehrsnachfrage eingehen können. Exemplarisch dazu wird die Verkehrsentstehung ausgewählt, typischerweise die erste Stufe im Vier-Stufen-Algorithmus. Ebenso wird gezeigt, wie die verbleibenden drei Stufen zukünftiger Verkehrsnachfrage modelliert werden können.

Im ersten Abschnitt soll diskutiert werden, in welchem Genauigkeitsbereich derartige Zukunftsprognosen liegen. Weil der demographische Wandel eine starke räumliche Komponente aufweist, folgt im zweiten Abschnitt eine Diskussion, ob auch dieses Modell räumlich differenziert werden soll und wie dies möglich ist. Im dritten Abschnitt wird das Modell aufgebaut: Dazu wird die Pkw-Verfügbarkeit mit einem Alters-Kohorten-Logit für verschiedene Raumtypen extrapoliert und die Ergebnisse auf eine Bevölkerungsverteilung 2025 angewendet. Ebenso werden Wegehäufigkeiten extrapoliert und ein Verfahren vorgestellt, wie Aktivitätenketten unter Einhaltung der ermittelten Wegehäufigkeiten gezogen werden können. Im vierten Abschnitt werden die Ergebnisse bezüglich der neuen Aktivitätenketten-Verteilungen und Ganglinien interpretiert, im fünften Abschnitt der Einfluss der Kohorteneffekte auf die Ergebnisse. Der letzte Abschnitt beschäftigt sich mit der Frage, wie die weiteren Schritte des Vier-Stufen-Algorithmus für zukünftige Bevölkerungen adaptiert werden können.

6.1 Zukunftsprognosen

Ein zentrales Anliegen der vorliegenden Arbeit lautet: Wie können Kohorteneffekte und geänderte Verhaltensweisen in Simulationsmodelle integriert werden, welche die Verkehrsnachfrage der kommenden Jahrzehnte abschätzen sollen? Für das folgende Modellbeispiel wird aufgrund der zur Verfügung stehenden Daten als Prognosehorizont das Jahr 2025 gewählt.

Vorhersagen zukünftiger Verkehrsnachfrage mit einem Zeithorizont von Jahrzehnten haben immer wieder vehemente Diskussionen hervorgerufen: So haben beispielsweise die kürzlich veröffentlichten ifmo-Studien „Mobilität 2025“ (Ifmo 2008) ihre Fortsetzung in Kritik (Hunsicker & Sommer 2008) und Replik (Kunert et al. 2008) in der Fachpresse gefunden. Die Frage der Verlässlichkeit von Prognosen diskutiert Leutzbach (2000) ausführlich und visualisiert dabei beispielhaft, wie die Pkw-Zahl pro Einwohner über Jahrzehnte falsch vorhergesagt wurde. Die dort vorgestellten Erkenntnisse legen nahe, dass der gesunde Menschenverstand misstrauisch sein sollte mit Vorhersagen, welche exakte Bilder der Zukunft malen.

Verschiedene Unsicherheitsfaktoren wurden in bisherigen Kapiteln bereits angesprochen, sie lassen sich wie folgt zusammenfassen:

1. Schon die Startverteilung der Bevölkerung ist nicht genau bekannt, die Zahlen des Statistischen Bundesamtes weichen möglicherweise im Millionenbereich vom tatsächlichen Bestand ab.
2. Die verwendeten Datenquellen sind zumeist selektiv, Methodeneffekte können somit die Ergebnisse verzerren.
3. Die exakten Kohortenparameter können erst berechnet werden, wenn die Kohorte nicht mehr existiert, also wenn eine Vorhersage für diese Kohorte eigentlich gar nicht mehr interessant ist. Bis dahin können Parameter nur geschätzt werden.
4. Gerade seriöse Prognosen berücksichtigen meist keine außergewöhnlichen Ereignisse wie Kriege oder Epidemien. Tatsächlich aber haben durchaus epochale Ereignisse wie die Deutsche Wiedervereinigung, der 11. September oder auch die Subprime-Krise die Prognosen der vergangenen Jahrzehnte überschattet.

Daneben können über einen Zeitraum von mehreren Jahrzehnten Trends zwar prinzipiell absehbar, aber schwer quantifizierbar sein, zum Beispiel: Wie entwickeln sich Arbeitsmarkt, Rohstoffpreise und das Gehaltsgefüge weiter? Werden Arbeitszeiten, die Rollenverteilung innerhalb der Familien oder auch Ausbildungsdauern vergleichbar der heutigen Situation bleiben? Schreiten Telearbeit und Freizeitaktivitäten im virtuellen Raum weiter voran?

Viele dieser Entwicklungen sind im Hinblick auf die Verkehrsplanung exogene Größen und sollten daher möglichst getrennt werden von verkehrsplanerischen Modellen und Datenerhebungen. Verkehrs-Datenerhebungen unterliegen typischen Selektivitätseffekten, weshalb gemessene Informationen auf Haushalts- und Personenebene wie Einkommen oder Haushaltsgrößen zwar hilfreich für die Interpretation, jedoch nicht notwendig repräsentativ für die Bevölkerung sind. Schon deshalb wirkt es befremdlich, wenn verkehrsplanerische Modelle gleichzeitig exogene Größen wie die Arbeitsmarktentwicklung oder das Scheidungsrisiko mit vorhersagen.

Weshalb kann und soll man also unter den genannten Problemen überhaupt noch Vorhersagen der Verkehrsnachfrage wagen? Kutter (2003, S. 22) weist darauf hin, dass der Verkehrsmodellbauer aus der Sicht der Wissenschaftstheorie stets mit dem Vorwurf der Unwissenschaftlichkeit leben müsse, der Anwendungsbezug des Faches ergebe jedoch, dass man sich lediglich gut der Realität annähern müsse.

In der Tat haben Modelle der Vorhersage der Verkehrsnachfrage einen weitaus größeren Spielraum als beispielsweise Vorhersagen von tödlichen Langzeitwirkungen verschiedener Medikamente: Während bei diesen offensichtlich jeder Einzelfall zählt, kann eine vernünftige Infrastrukturplanung der Zukunft problemlos mehrere Prozent Ungenauigkeit tolerieren. Diese Planungen finden ohnehin bereits heute statt, zumeist lediglich mit Modellen, die heutiges Verhalten auf eine fortgeschriebene Bevölkerung anwenden. Eine Verbesserung der Vorhersagequalität derartiger Modelle erzielt also bereits einen erheblichen Nutzen, auch wenn nur ein Teil der Entwicklungen erklärt werden kann und diese Erklärung zudem unvollständig ausfällt. Dieser Nutzen fällt für den Anwender umso höher aus, wenn die Modelle die folgenden Anforderungen erfüllen:

- Exogene Entwicklungen sollten möglichst flexibel vom Anwender als Parameter in die Modellrechnung eingespeist werden können, und nicht in der Modelllogik mit den für die Verkehrsplanung endogenen Elementen verwoben werden. Mit anderen Worten: Themen wie Arbeitsmarktökonomie oder Familiensoziologie sollten von Arbeitsmarktökonomen und Familiensoziologen beforscht werden, und nicht von Verkehrsplanern.
- Modellannahmen sollten explizit genannt werden.
- Ebenso sollte die Modelllogik nicht wie eine Black Box wirken, sondern möglichst transparent sein, so dass sie zusammen mit den Annahmen bei Bedarf verändert werden kann.

Das hier vorgestellte Modell soll also keinen exakten Blick in die Glaskugel ermöglichen, sondern den Einfluss von Alters- und Kohorteneffekten auf die Verkehrsnachfrage trennen und in die Zukunft fortschreiben. Das Modell ist modular und parametrisiert, es können somit einzelne Bausteine problemlos ersetzt werden, exogene Entwicklungen können ebenfalls integriert werden. Gleichzeitig wird gezeigt, wie bei Vorgabe makroskopischer Eckwerte mikroskopische Simulationen durchgeführt werden können. Das vorgestellte Modell ersetzt keineswegs bestehende Nachfragemodelle, sondern demonstriert exemplarisch, wie langfristige demographische Prozesse in diese integriert werden können.

6.2 Räumliche Differenzierung

Wenngleich die Auswirkungen des demographischen Wandels strittig sind, herrscht weitgehend Einigkeit, dass regional deutliche Unterschiede in den demographischen Prozessen auftreten werden (siehe etwa Kröhnert et al. 2005; Valleé 2009). Diesen Raumbezug sollte auch eine Modellierung zukünftiger Verkehrsnachfrage berücksichtigen. Problem ist hier wieder einmal die fehlende Kompatibilität der Datenquellen, da im Gegensatz zum Mobilitätspanel in den verschiedenen KONTIVs keine einheitlichen Definitionen für die Raumtypen verwendet werden. Es muss daher der kleinste gemeinsame Nenner für die Raumvariablen gesucht werden, also eine möglichst präzise Differenzierung, die gleichwohl in allen Datenquellen möglich ist. Dies ist für die folgende Verteilung der Fall:

1. Raumtyp Großstadt: Städte mit mindestens 100 000 Einwohnern
2. Raumtyp Mittelstadt: Städte mit 20 000 – 100 000 Einwohnern
3. Raumtyp Land: Orte bis 20 000 Einwohner

Durch diese Aufgliederung in verschiedene Raumtypen reduzieren sich die zugrundeliegenden Stichprobengrößen – dieser Nachteil sollte nur dann in Kauf genommen werden, wenn in den Klassen tatsächlich unterschiedliches Verhalten vorliegt, also auch verschiedene Modellparameter geschätzt werden müssen. Dabei ist es möglich, eine Klassierung nur in den Teilen eines Modells vorzunehmen, in welchen Unterschiede im Verhalten diese Aufteilung rechtfertigen.

Im vorliegenden Modell werden Parameter für zwei Variablentypen geschätzt: Die Pkw-Verfügbarkeit und Wegehäufigkeiten (teilweise aufgegliedert nach Zweck). Tabelle 19 vergleicht für sechs der im Modell verwendeten Personentypen die Pkw-Verfügbarkeit im Raumtyp Großstadt und Raumtyp Land. Da es sich um Anteile handelt, die offensichtlich nicht normalverteilt sind, kommt der t-Test hier nicht zum Einsatz, die Werte sind jedoch auffällig unterschiedlich, weshalb eine getrennte Parameterschätzung nach Raumtyp für die Pkw-Verfügbarkeit begründet erscheint.

Personentyp	Pkw-Verfügbarkeit Großstadt	Pkw-Verfügbarkeit Land
Männer 25-44	0.87	0.97
Frauen 25-44	0.85	0.96
Männer 45-64	0.90	0.98
Frauen 45-64	0.76	0.86
Männer 65+	0.81	0.91
Frauen 65+	0.47	0.51

Tabelle 19: Pkw-Verfügbarkeit nach Raumtyp und Personenklasse. Datenquelle: MOP 1994 – 2007. Definition Pkw-Verfügbarkeit s. S. 6.

Tabelle 20 vergleicht die Wege pro Person und Tag nach Raumtyp und Personenklasse. Die vierte Spalte der Tabelle testet die Nullhypothese gleicher Varianz auf dem 5 %-Niveau. Bei gleicher Varianz kann ein t-Test direkt durchgeführt werden, andernfalls wird auf die Satterthwaite-Statistik zurückgegriffen (siehe Abschnitt 4.1). Durch das jeweilige Testverfahren ergibt sich anschließend der p-Wert in der letzten Spalte der Tabelle. Bei jungen Frauen und bei mittelalten Personen beiden Geschlechts scheint die Zahl der Wege verhältnismäßig invariant vom Raumtyp zu sein, für die anderen Personenklassen kann diese Hypothese jedoch verworfen werden. Es scheint damit ebenso begründet zu sein, die Parameterschätzung der Wegehäufigkeiten nach Raumtyp getrennt durchzuführen.

Personentyp	[Wege/(Pers*Tag)] Großstadt	[Wege/(Pers*Tag)] Land	Gleiche Varianz?	p-Wert gleiche Mittelwerte
Männer 10 – 24	3.41	3.17	Nein	0.00
Frauen 10 – 24	3.46	3.42	Nein	0.52
Männer 25-44	3.68	3.50	Nein	0.00
Frauen 25-44	4.06	3.86	Nein	0.00
Männer 45-64	3.43	3.38	Ja	0.90
Frauen 45-64	3.29	3.20	Ja	0.11
Männer 65+	3.17	2.99	Ja	0.01
Frauen 65+	2.60	2.50	Ja	0.01

Tabelle 20: t-Test Wege pro Person und Tag nach Raumtyp und Personenklasse. Datenquelle: MOP 1994 – 2007

Um die Spannbreiten der Entwicklungen bis 2025 aufzuzeigen, werden beispielhaft zwei Modellorte ausgewählt. Diese Modellorte sollten einerseits die beiden Enden des Spektrums abdecken, also Stadt in Wachstumsregion versus ländliche Schrumpfungsregion. Außerdem sollten die Modellorte keine Mischtypen oder Ausnahmefälle sein, sondern gut in die definierten Raumtypen fallen. Weil die ersten drei KONTIVs und einige Paneljahrgänge nur in Westdeutschland erhoben haben, sollten beide Modellorte dort gewählt werden. Diese Einschränkung erschwert die Suche nach einer geeigneten Schrumpfungsregion, weil sich diese insbesondere im Osten befinden.

Als Großstadt in einer Wachstumsregion wurde Karlsruhe gewählt. Dies ist weniger der Tatsache geschuldet, dass vorliegende Arbeit dort verfasst wurde. Vielmehr kann Karlsruhe recht gut als Durchschnittsvertreter im obigen Raumtyp Großstadt betrachtet werden: Mit rund 290 000 Einwohnern liegt es etwa im Mittelfeld deutscher Großstädte, auch Verkehrsanbindung und Kulturangebot können als ungefähr repräsentativ für diese Kategorie angesehen werden. Verschiedene Industrie- und Dienstleistungsunternehmen sowie mehrere Hochschulen und Behörden sind im Stadtgebiet angesiedelt, keine davon dominiert jedoch das wirtschaftliche oder gesellschaftliche Leben. Von übermäßigem grenzüberschreitenden Verkehr ist nicht auszugehen: Wenngleich das Elsass bereits in der Umgebung liegt, hat Karlsruhe selber keine Grenze zu Frankreich, mit Straßburg liegt die erste französische Großstadt in deutlicher Entfernung zu Karlsruhe. In vergleichbarer Distanz liegen die nächsten Verdichtungsräume Stuttgart und Rhein-Neckar. Karlsruhe liegt damit in einer Region, die auch vor dem Hintergrund des demographischen Wandels in den kommenden Jahren noch mit gewissen Wachstumsraten rechnen kann.

Die Wahl eines Vertreters am anderen Ende des Spektrums gestaltet sich schwieriger: Ein einzelner Ort des obigen Raumtyps 3 würde mit unter 20 000 Einwohnern nur zu einer kleinen Simulationspopulation führen und somit anfällig sein für zufällige Schwankungen in den Ergebnissen. Die Bertelsmann-Studie weist auch Landkreise aus (Genz et al. 2008), daher bietet sich alternativ ein Landkreis in einer Schrumpfungsregion an. Diese Region muss jedoch im Westen liegen, was bereits eine erhebliche Einschränkung auf der Suche nach einer Schrumpfungsregion darstellt, außerdem sollten sämtliche Orte des Kreises unter 20 000 Einwohnern liegen, was in vielen Fällen zumindest an der Kreishauptstadt scheitert.

Ein Landkreis, der alle Bedingungen erfüllt, ist Kronach in Oberfranken: Dieser Kreis umfasst rund 75 000 Einwohner in einer Schrumpfungsregion, der größte Ort (Kronach) hat lediglich rund 18 000 Einwohner. Der Kreis wird noch durch den Landkreis Hof von der tschechischen Grenze getrennt, es können auch sonst keine außergewöhnlichen Merkmale konstatiert werden, welche die Ergebnisse verzerren könnten.

6.3 Modellierung der Verkehrsentstehung

Von allen vier Stufen hat die Verkehrsentstehung als einzige die Eigenschaft, dass sie keine Informationen zum zugrundeliegenden Netz benötigt: Die Zielwahl hängt von den Widerständen zwischen Ausgangsort und potenziellen Zielen und somit vom Netz ab, die Verkehrsmittelwahl verwendet unter anderem Reisezeiten, während die Routenwahl meist direkt auf dem Netz agiert. Darüber hinaus ist das prinzipielle Aufkommen des Wunsches nach Ortsveränderung in der Verkehrsentstehung vermutlich weniger abhängig von exogenen Faktoren wie zum Beispiel der Einkommensentwicklung, als dies für das gewählte Ziel oder Verkehrsmittel der Fall ist.

Gleichwohl bereitet schon die mikroskopische Modellierung zukünftiger Verkehrsentstehung erhebliche Probleme: Aktivitätenketten sind diskrete Ereignisse, und beispielsweise eine Erhöhung der Freizeitmobilität muss sich nicht ausschließlich auf die Kette „Wohnen – Freizeit – Wohnen“ beschränken, stattdessen können zusätzliche Freizeitwege in den verschiedensten Ketten auftreten. Mit jedem zusätzlichen Weg in einer Kette wächst die Zahl der Möglichkeiten exponentiell.

Daneben hat in den vergangenen Jahrzehnten eine erhebliche Diversifizierung der Wegeketten stattgefunden. Frühe mikroskopische Modelle der Verkehrsentstehung konnten mit den wichtigsten zehn Wegeketten noch einen Großteil der realisierten Muster abdecken (siehe etwa Zumkeller 2003). Für viele Personenklassen decken zehn Wegeketten jedoch gegenwärtig nicht einmal mehr die Hälfte aller Muster ab, die Tendenz ist weiter fallend. Tabelle 21 vergleicht die relative Häufigkeitssumme der zehn wichtigsten Aktivitätenketten in den Paneljahrgängen 1996-1998 mit den Jahrgängen 2005-2007 für verschiedene Status der Erwerbstätigkeit, betrachtet werden die Tage Dienstag, Mittwoch und Donnerstag.

Status Erwerbstätigkeit	Geschlecht	Periode	Häufigkeit der 10 wichtigsten Aktivitätenketten [%]
Vollzeit	Männer	1996-1998	51.2
		2005-2007	53.5
	Frauen	1996-1998	51.4
		2005-2007	52.0
Teilzeit	Männer	1996-1998	42.0
		2005-2007	35.2
	Frauen	1996-1998	42.0
		2005-2007	38.0
Hausfrau	Frauen	1996-1998	52.1
		2005-2007	51.7
Rente	Männer	1996-1998	61.8
		2005-2007	60.3
	Frauen	1996-1998	77.6
		2005-2007	67.3

Tabelle 21: Relative Häufigkeiten der zehn wichtigsten Aktivitätenketten Dienstag – Donnerstag. Datenquelle: MOP 1996-1998 und 2005-2007

Bei den Vollzeiterwerbstätigen ist die Bedeutung der zehn wichtigsten Ketten geringfügig gestiegen, bei den übrigen Klassen nimmt sie jedoch ab, bei den Rentnerinnen sogar über zehn Prozentpunkte. Diese Diversifikation macht die mikroskopische Simulation von Aktivitätenketten schwierig: Einerseits muss der Pool an zulässigen Ketten deutlich größer sein als in der Vergangenheit, außerdem darf sich die Auswahl nicht an den Häufigkeiten der Vergangenheit orientieren.

Ein möglicher Lösungsansatz ist, sich auf die Ebene des Scheduling zu begeben. So verwendet Gringmuth (2006) beispielsweise in Anlehnung an die Produktionsplanung genetische und Greedy-Algorithmen, um für Individuen Aktivitäten-Wochenpläne unter Nebenbedingungen zusammen zu stellen. Diese Ansätze sind jedoch für die vorliegende Problemstellung nicht praktikabel: Einerseits ergeben sich die Neben- und Rahmenbedingungen der Scheduling-Algorithmen aus verschiedensten Größen, beispielsweise Arbeitszeiten, Familienrollen und einer möglichen Änderung dieser Rollen. Eine Fortschreibung dieser Trends in die Zukunft würde eine Vielzahl von Annahmen erforderlich machen, diese Annahmen beträfen zumeist exogene Größen bezüglich der Verkehrsplanung. Zweitens ist die Transparenz von Verfahren wie genetischen Algorithmen gering, für eine anschauliche Trennung von Alters- und Kohorteneffekten ist es jedoch unbefriedigend, wenn zentrale Modellelemente hinter einer Black Box verschwinden.

Günstiger erscheint es daher, Aktivitätenketten aus empirischen Verteilungen zu ziehen, wobei sich wie oben festgestellt die Ziehungswahrscheinlichkeiten der Ketten ändern. Es müssen also die zugrundeliegenden Alters- und Kohorteneffekte isoliert, extrapoliert und in die empirischen Modelle als Nebenbedingungen integriert werden. Dies soll exemplarisch für Karlsruhe und den Landkreis Kronach im Ausgangsjahr 2006 und dem Zieljahr 2025 durchgeführt werden. Nachfolgend und schematisch in Abbildung 28 ist der Modellablauf zusammengefasst – die Nummerierung liefert auch die Gliederung für die folgenden Unterkapitel:

1. Ermittlung einer Bevölkerungsverteilung nach Alter und Geschlecht für das Zieljahr.
2. Ermittlung des Anteils der Personen ohne Wege für diese Population.
3. Anhand eines Alters- Kohortenmodells auf Basis der KONTIVs und des Mobilitätspanels wird die zukünftige Pkw-Verfügbarkeit nach Alter und Geschlecht extrapoliert.
4. Ebenfalls anhand eines Alters- Kohortenmodells werden zukünftige Eckwerte der Wegehäufigkeiten nach Alter und Geschlecht extrapoliert.
5. Für verschiedene Personenklassen werden anschließend mit einem Accept / Reject-Algorithmus Aktivitätenketten gezogen. Dieses heuristische Verfahren iteriert so lange, bis eine Verteilung an Aktivitätenketten gefunden wurde, welche die im Schritt 4 ermittelten Eckwerte erfüllt.

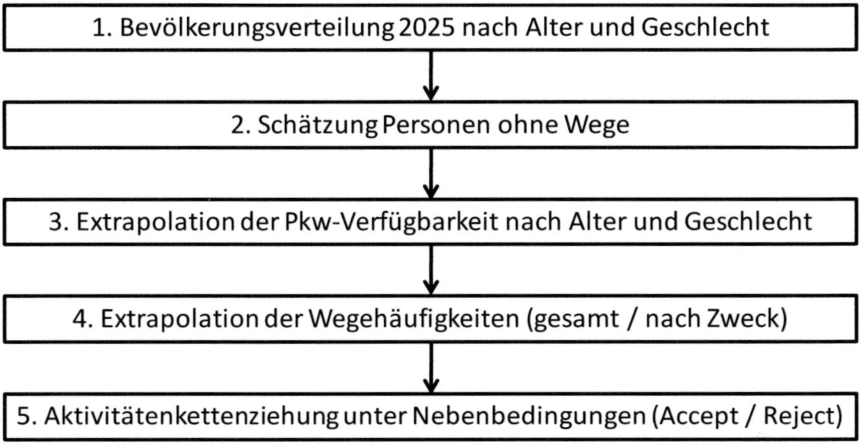

Abbildung 28: Ablauf des Moduls Verkehrsentstehung

Die Schritte 1 und 2 basieren im Wesentlichen auf demographischen Forschungsergebnissen, die Schritte 3 und 4 verwenden die bereits vorgestellten Alters-Kohortenmodelle, es handelt sich hier also um makroskopische Ansätze. Die Aktivitätenketten-Ziehung in Schritt 5 ist dagegen ein mikroskopisches Verfahren, da es auf der Basis einzelner Personen arbeitet. Eine derartige Verknüpfung von makro- und mikroskopischen Modellelementen wird gelegentlich auch als mesoskopisch bezeichnet (siehe etwa Burghout 2004). Die verwendeten Alters- Kohortenmodelle könnten alternativ auch für ausschließlich makroskopische Modelle verwendet werden, wie dies bereits in Abschnitt 5.5 demonstriert wurde. Abhängig vom Ansatz kommen jeweils die in Abschnitt 2.3 diskutierten Vor- und Nachteile von Makro- und Mikromodellen zum Tragen.

Umgekehrt müssen im vorgestellten Verfahren die Eckwerte für den Accept / Reject-Algorithmus in Schritt 4 nicht durch makroskopische Modelle geliefert werden, es sind auch andere Ansätze denkbar, etwa Delphi-Studien: Hierbei handelt es sich um ein iteratives Verfahren, bei welchem eine Expertenrunde befragt wird und die Ergebnisse in weitere Iterationen als Rückkopplung eingespeist werden. Ähnlich wie beim Orakel von Delphi in der griechischen Mythologie soll hierdurch ein Blick in die Zukunft ermöglicht werden. Genauer beschrieben wird dieses Verfahren mit einigen seine zahlreichen Varianten beispielsweise von Hörmann (2007), Häder (2002) und Häder und Häder (2000). Das in Abbildung 28 vorgestellte Verfahren ist parametrisiert und damit modular genug, um derartige Elemente nachträglich integrieren zu können. Für die vorliegende Arbeit soll jedoch der Fokus auf die Frage gerichtet werden, wie sich makroskopisch identifizierbare demographische Trends quantifizieren und in mikroskopische Verkehrsnachfragemodelle integrieren lassen.

Die Alters- und Kohortenmodelle in Schritt 3 und 4 arbeiten wie in Kapitel 5 mit Fünf-Jahres-Klassen, wenngleich die Klassierung aufgrund der zur Verfügung stehenden Daten angepasst werden muss. Die Accept / Reject-Simulation in Schritt fünf benötigt dagegen einen ausreichenden Pool an zur Verfügung stehenden Aktivitätenketten, es müssen daher Klassen wie folgt zusammengefasst werden:

- Personen von 10 – 24
- Personen von 25 – 44
- Personen von 45 – 64
- Personen ab 65

Diese Unterteilung ergibt sich einerseits aus der Altersklassierung einer der verwendeten Datenquellen, der Bertelsmann-Studie. Andererseits bildet die Unterteilung auch recht gut verschiedene Lebensphasen im Prototyp ab: Von der Ausbildung (Gruppe 1), über Berufseinstieg und Familiengründung (Gruppe 2), über Etablierung im Beruf und Erwachsenwerden der Kinder (Gruppe 3) bis zur Rente (Gruppe 4). Alle vier Gruppen werden weiter unterteilt nach Geschlecht und Pkw-Verfügbarkeit. Personen unter 10 Jahren werden nicht betrachtet, einerseits, weil im Mobilitätspanel keine Tagebücher zu ihnen vorliegen, andererseits, weil sie zumeist nur nichtmotorisiert oder in Begleitung unterwegs sind, diese begleiteten Wege werden aber ohnehin zumindest teilweise über die zweite Person abgebildet.

6.3.1 Bevölkerungsverteilung 2025

Voraussetzung für eine Abbildung zukünftiger Verkehrsnachfrage ist eine Vorhersage der zugrundeliegenden Population. Es gibt verschiedene Bevölkerungsprognosen für Deutschland, die sich nach Zieljahr, getroffenen Annahmen und Klassierung unterscheiden. Die 11. koordinierte Bevölkerungsvorausberechnung des Statistischen Bundesamtes umfasst 12 Hauptvarianten, für die weitere Modellrechnungen mit variierten Wanderungs- und Geburtenraten durchgeführt werden (Statistisches Bundesamt 2006b). Diese Bevölkerungsprognosen sind als Referenz sehr hilfreich, da sie sehr detailliert nach Zieljahr und Altersklassen unterscheiden. Allerdings differenziert das Statistische Bundesamt nicht räumlich, sondern betrachtet pauschal die gesamte Bundesrepublik.

Eine räumliche Differenzierung findet sich in den aktuellen Prognosen der Bertelsmann-Stiftung (Bertelsmann Stiftung 2008): Hier werden für sämtliche Landkreise sowie für Gemeinden ab einer Mindestgröße von 5 000 Einwohnern demographische

Vorhersagen mit dem Zieljahr 2025 erstellt, die Aufschlüsselung nach Altersklassen ist jedoch verhältnismäßig grob, es gibt lediglich ein Szenario. Weil das Jahr 2025 auch in der Prognose des Statistischen Bundesamtes auftritt, wird es im Folgenden als Zieljahr für die Modellierung verwendet. Die Prognose der Bertelsmann-Stiftung wird dazu mit dem Szenario W1 (mittlere Bevölkerung, Untergrenze) des Statistischen Bundesamtes für das Jahr 2025 verschmolzen. Wo in beiden Quellen die Differenzierung nicht ausreicht, wird unter Annahme einer Gleichverteilung innerhalb einer Klasse linear interpoliert. Tabelle 22 fasst die Ergebnisse für die Stadt Karlsruhe zusammen, Tabelle 23 die Ergebnisse für den Landkreis Kronach.

	Karlsruhe			
	2006		2025	
	Männer	Frauen	Männer	Frauen
0-9	12253	11630	12513	11844
10-18	11415	10834	10441	9885
19-24	10982	10534	9459	9027
25-29	9787	9543	10163	9758
30-34	9559	9264	10578	10163
35-39	12862	12280	12164	11689
40-44	14531	13804	11716	11468
45-49	10945	10589	8919	8781
50-54	9416	9380	8978	8858
55-59	8375	8467	11740	11540
60-64	6977	7221	12136	12151
65-69	8298	9403	9107	9501
70-74	5746	7132	7213	8183
75-79	4035	5923	5349	6556
80-84	2761	5945	4216	5702
85-89	1131	3188	3085	4904
90+	439	1678	1221	2502
$\sum$	139511	146816	148998	152509

Tabelle 22: Bevölkerung Karlsruhe 2006 und 2025. Eigene Zusammenstellung nach Statistisches Bundesamt (2006) und Bertelsmann-Stiftung (2008)

	Kronach			
	2006		2025	
	Männer	Frauen	Männer	Frauen
0-9	3162	3002	2296	2173
10-18	3638	3452	2305	2183
19-24	2316	2221	1686	1610
25-29	2099	2047	1626	1561
30-34	2051	1987	1692	1626
35-39	2759	2634	1946	1870
40-44	3117	2961	1874	1834
45-49	2980	2883	2127	2094
50-54	2564	2554	2141	2113
55-59	2280	2306	2800	2752
60-64	1900	1966	2895	2898
65-69	2528	2888	2751	2618
70-74	1751	2190	2179	2254
75-79	1229	1819	1616	1806
80-84	663	1420	1091	1500
85-89	271	762	798	1290
90+	106	401	316	658
$\sum$	35414	37495	32139	32839

Tabelle 23: Bevölkerung Landkreis Kronach 2006 und 2025. Eigene Zusammenstellung nach Statistisches Bundesamt (2006) und Bertelsmann-Stiftung (2008)

Während in Karlsruhe die Bevölkerung bis 2025 bei Männern und Frauen sogar noch leicht wachsen wird, steht dem Landkreis Kronach ein erheblicher Rückgang bevor. In Karlsruhe bleiben die jüngeren Altersklassen auf vergleichbarem Niveau – es handelt sich dabei zu erheblichen Teilen um Bildungsmigration zu den Karlsruher Hochschulen und um berufliche Migration. Beruflich mobil sind dabei häufig jüngere Erwachsene, die in einigen Fällen Kinder mit an ihren Zielort bringen.

Die absoluten Zuwächse der Bevölkerung entstehen durch ein Wachstum der Gruppen der Seniorinnen und Senioren. Im Landkreis Kronach kann dagegen ein deutlicher Rückgang der jüngeren Altersgruppen erwartet werden, der zahlenmäßig durch einen Anstieg bei den Seniorinnen und Senioren nicht abgefangen werden kann. Auch hier ist anzunehmen, dass es sich zum Teil um Bildungs- und berufliche Migration handelt, wobei aus dem Landkreis Kronach vornehmlich emigriert wird.

Bei den Werten in Tabelle 22 und Tabelle 23 handelt es sich um die Bevölkerung mit Erstwohnsitz. Diese ist nicht notwendig die physische Wohnbevölkerung, da beispielsweise Studierende häufig ihren Studienort nicht als Erstwohnsitz melden. Außerdem wird die Verkehrssituation gerade in einer Großstadt keineswegs nur von der Wohnbevölkerung beeinflusst, ebenso können insbesondere Bewohner im ländlichen

Raum ihren Arbeitsort außerhalb des Heimatkreises suchen. Bei der Interpretation der Ergebnisse ist also zu beachten, dass es sich nicht direkt um die Nachfrage im Netz der Stadt oder des Landkreises handelt, sondern um die Verkehrsnachfrage der gemeldeten Bevölkerung.

6.3.2 Personen ohne Wege

Wie oben bereits diskutiert wurde, haben Verkehrserhebungen häufig ein Selektivitätsproblem bei älteren Personen. Viele Seniorinnen und Senioren halten ihr Verhalten nicht mehr für berichtenswert, wenn sie nur noch wenig mobil sind, da sie häufig das Interesse der Forschung am Anteil Wenigmobiler an der Bevölkerung verkennen. Gar nicht erhoben werden zumeist Personen, die nicht mehr mobil sind, also vor allem Schwerkranke und Pflegebedürftige. Unangenehm an diesem Non Response ist die starke Korrelation dieser Personengruppe mit dem Alter: In einer überalternden Gesellschaft steigt ihr Anteil überproportional an. Simuliert man also die gesamte Bevölkerung durch Ziehung von Aktivitätenketten aus Tagebucherhebungen, so überschätzt man nicht nur systematisch die Verkehrsnachfrage, dieser systematische Fehler verstärkt sich in Zukunft auch noch und verzerrt somit den Vergleich zwischen heute und dem Zieljahr der Untersuchung.

Eine Quantifizierung der Personen ohne Wege mit bestehenden Datenquellen ist schwierig, zumal dieses Phänomen überlagert wird von einzelnen nichtmobilen Tagen von Personen, die ansonsten durchaus das Haus verlassen. Im Mobilitätspanel liegt der Anteil nichtmobiler Tage bei rund 8 %, hier handelt es sich jedoch ausschließlich um grundsätzlich mobile Personen, die an einzelnen Tagen nicht das Haus verlassen. In den KONTIVs schwankt der Anteil nichtmobiler Tage zwischen 10 % und 18 %– bei diesen Erhebungen ist überhaupt nicht klar, ob und zu welchem Anteil sich hierunter Personen befinden, die das Haus überhaupt nicht verlassen (zu den Zahlen siehe Kloas & Kunert 1993; Zumkeller et al. 2008).

Es besteht also noch erheblicher Forschungsbedarf zur Mobilität und vor allem auch der Immobilität älterer Bürgerinnen und Bürger – notwendig hierzu sind vermutlich Erhebungen, die sich maßgeschneidert mit diesem Thema befassen. Als pragmatische Lösung wird daher die Pflegestatistik des Statistischen Bundesamtes zur Hilfe gezogen (Statistisches Bundesamt 2007): Ausgewiesen ist hier der Anteil Pflegebedürftiger nach Bundesland, Geschlecht und Altersklasse für das Jahr 2005. Diese Verteilung wird auf die Altersverteilung in Karlsruhe und Kronach angewendet und somit die Pflegebedürftigen je Altersklasse bestimmt. Vereinfachend werden diese Personen nun mit den Personen ohne Wege gleichgesetzt, während für den verbleibenden Teil der Bevölkerung Aktivitätenketten aus den Paneldaten gezogen werden.

Diese Annahme erscheint vertretbar, denn Personen werden in den allermeisten Fällen nur dann ihr Haus dauerhaft nicht verlassen, wenn sie schwerkrank sind. Umgekehrt werden einige Pflegebedürftige gelegentlich das Haus verlassen, dies wird jedoch zumeist in Begleitung einer weiteren Person geschehen und kann somit über die Begleitperson modelliert werden.

Die Verteilung der Pflegebedürftigen beschreibt Tabelle 24 – der auffallend höhere Anteil Pflegebedürftiger im Landkreis Kronach 2025 erklärt sich durch die stärkere Alterung der Gesellschaft dort, während in Karlsruhe der Alterungsprozess durch Arbeits- und Bildungsmigration gepuffert wird.

	Gesamtbevölkerung 2006	**Pflegebedürftige 2006**	**Gesamtbevölkerung 2025**	**Pflegebedürftige 2025**
Karlsruhe	286 327	6566 (2.3 %)	301 507	8 704 (2.9 %)
Landkreis Kronach	72 909	1675 (2.3 %)	64 978	2 205 (3.4 %)

Tabelle 24: Pflegebedürftige 2006 und 2025. Eigene Darstellung nach Statistisches Bundesamt (2007)

Auch dieser vereinfachte Ansatz wirft noch interessante Fragen auf, unter anderem sollte diskutiert werden, wie sich der Anteil der Personen ändern wird, die aufgrund gesundheitlicher Einschränkungen nicht mehr mobil sind. Medizinische Fortschritte machen es wahrscheinlich, dass der Anteil Pflegebedürftiger je Altersklasse in Zukunft sinken wird. Insbesondere Weiterentwicklungen in der Behandlung von Demenzkrankheiten könnten hier zu erheblichen Verschiebungen führen. Eine Rolle spielen auch die unterschiedlichen Einflüsse auf die Gesundheit der Generationen: Die Kriegsversehrten sterben aus, während immer mehr Personen in Rente gehen, die ihr Arbeitsleben am Schreibtisch verbracht haben.

Ein weiterer Effekt, der hier von Bedeutung sein könnte, ist das Healthy Migrant Paradoxon (siehe hierzu etwa Razum 2006): Nach diesem kann in einigen Untersuchungen beobachtet werden, dass Migranten eine robustere Gesundheit aufweisen als Nichtmigranten. Paradox an dieser Beobachtung ist, dass Migranten häufig schlechtere Arbeits- und Lebensbedingungen vorfinden – diese üben normalerweise einen negativen Einfluss auf die Gesundheit aus. Zumindest einen Teil des Paradoxons könnten Selektivitätseffekte erklären, da hauptsächlich Menschen in guter Physis ihr Heimatland verlassen, um in der Ferne Arbeit zu suchen. Weil viele Migranten aus der Zeit des Wirtschaftswunders und der Folgezeit mittlerweile die höheren Altersklassen erreichen, kann dieser Effekt zu Veränderungen der durchschnittlichen Rentnergesundheit führen.

6.3.3 Pkw-Verfügbarkeit nach Alter und Geschlecht

Zur Erklärung der Pkw-Verfügbarkeit wird wie in Abschnitt 5.4 auf ein Alters-Kohortenmodell zurückgegriffen, mit dem Unterschied, dass der Regressand nun binär ist: Pkw-Verfügbarkeit ist entweder gegeben (Variablenausprägung 1) oder nicht (Variablenausprägung 0). Aus diesem Grund muss das in Abschnitt 5.2 ebenfalls vorgestellte Logit verwendet werden. Das diskrete Ereignis y_{ij} (Pkw-Verfügbarkeit einer Person mit Alter i und Geburtskohorte j-i im Beobachtungsjahr j) wird durch ein Zusammenspiel von Alters- und Kohorteneffekten erklärt:

$$y_{ij} = \beta_0 + \sum a_i * Alter_i + \sum k_{j-i} * Kohorte_{j-i} + \varepsilon_{ij} \qquad (6.1)$$

Mit:

y_{ij}	Pkw-Verfügbarkeit einer Person mit Alter i im Beobachtungsjahr j
i	Altersklasse
j	Beobachtungsjahr (Periode)
β_0	Modellkonstante
a	Altersparameter
k	Kohortenparameter
ε	Störterm

Grundsätzlich können weitere erklärenden Variablen integriert werden, wie etwa Haushaltsgröße oder verfügbares Einkommen. Diese sind jedoch exogen und müssten mit zusätzlichen Annahmen oder Modellen ermittelt werden. Das vorgestellte Modell beschränkt sich soweit möglich auf die Alters- und Kohorteneffekte, um deren Einflüsse besser isolieren zu können.

Als Datenbasis dienen die westdeutschen Volljährigen der KONTIVs und des Mobilitätspanels, das Modell wird klassiert nach Geschlecht und Raumtyp. Im Vergleich zum Modell in Abschnitt 5.4 müssen die Alters- und Kohortenklassen angepasst werden, weil die Klassengrenzen in den Prognosen des Statistischen Bundesamtes, der Bertelsmann-Stiftung und der Pflegestatistik jeweils durch fünf teilbar sind. Um hier Konsistenz mit den Bevölkerungsdaten zu wahren, gilt dies auch für die Klassen des AC-Modells: Die Altersklasse a37 beinhaltet beispielsweise die 35-39-jährigen, die Kohorte k1963 die zwischen 1961 und 1965 Geborenen. Der Name jeder Klasse ist also wieder der Mittelwert aller Jahre, welche die Klasse zusammensetzen. Referenzaltersklasse sind die 40-44-jährigen, Referenzkohorte bilden die 1956 – 1960 Geborenen.

Für die Parameterschätzung wird eine sogenannte Backward-Selection auf 20 %-Niveau verwendet, es handelt sich dabei um eine Heuristik, mit welcher schrittweise nichtsignifikante Größen aus dem Modell eliminiert und Null gesetzt werden. Tabelle

25 listet die Schätz-Parameter auf – grau unterlegt sind dabei jeweils die Parameter, welche bei der Backward-Selection aus dem Modell gefallen und somit nicht signifikant sind:

Raumtyp		Land		Großstadt	
Geschlecht		Männer	Frauen	Männer	Frauen
Konstante		2.2	2.1	1.6	1.3
Altersvariablen	a17	-2.2	-2.3	-1.9	-2.0
	a22	-0.5	-0.9	-0.9	-1.1
	a27	-0.3	-0.6	-0.6	-0.7
	a32	-0.3	-0.4	-0.3	-0.3
	a37	0.0	-0.1	0.0	0.0
	a42	0.0	0.0	0.0	0.0
	a47	0.1	0.0	0.2	0.0
	a52	0.0	-0.2	0.5	0.1
	a57	0.0	-0.3	0.5	0.0
	a62	0.1	-0.1	0.6	0.0
	a67	0.0	-0.3	0.5	0.0
	a72	-0.2	-0.3	0.5	-0.2
	a77	-0.4	-0.3	0.2	-0.5
	a82	-0.9	-0.5	-0.3	-1.1
Kohortenvariablen	k1978	0.3	0.7	0.5	0.7
	k1973	0.5	1.0	0.3	0.5
	k1968	0.7	0.7	0.5	0.5
	k1963	0.0	-0.1	0.0	0.0
	k1958	0.0	0.0	0.0	0.0
	k1953	0.0	-0.2	0.2	-0.1
	k1948	0.2	-0.4	0.3	-0.3
	k1943	0.0	-0.9	0.0	-0.6
	k1938	-0.2	-1.5	-0.2	-1.0
	k1933	-0.6	-2.1	-0.5	-1.5
	k1928	-0.9	-2.7	-0.9	-1.8
	k1923	-1.3	-2.9	-1.1	-2.2
	k1918	-1.6	-3.3	-1.4	-2.7
	k1913	-2.4	-4.3	-2.3	-3.7

Tabelle 25: Logit-Parameter AC-Modell der Pkw-Verfügbarkeit. Datenquellen: KONTIV 1976, 1982, 1989, MiD 2002, MOP 1994 – 2007. Grau unterlegt: Nichtsignifikante Parameter auf 20%-Niveau. Definition Pkw-Verfügbarkeit s. S. 6.

Erneut ist zu erkennen, dass die Kohorteneffekte bei Frauen deutlich stärker ausfallen. Interessant ist wieder die Generationenkluft, die sich bei Frauen bei den ungefähr in den frühen 1940er-Jahren Geborenen auftut, also etwa der 68-er Generation.

In einem zuerst rein makroskopischen Modell können nun wieder die Parameter verwendet werden, um die zukünftige Pkw-Verfügbarkeit zu extrapolieren. Zum Vergleich werden zusätzlich die empirischen Werte aus der MiD 2002 bestimmt, Grundgesamtheit sind dabei westdeutsche Volljährige im jeweils korrespondierenden Raumtyp. Bei der MiD 2002 müssen aus methodischen Gründen zusätzlich sämtliche Personen gelöscht werden, die keine Angaben zur Frage nach dem Führerschein gemacht haben. Die Kohorten ab der Klasse k1983 (also der ab 1981 geborenen Personen) wurden in Tabelle 25 nicht geschätzt, weil diese im Beobachtungszeitraum zu wenige verschiedene Altersklassen durchlaufen, um valide Ergebnisse zu erzielen. Es wird daher angenommen, dass sich diese jüngeren Kohorten verhalten wie das Mittel der Vorgängerklassen k1973 und k1978. Diese Annahme ist durchaus plausibel, da in den vergangenen Jahren kein Wechsel in den Rahmenbedingungen des Verkehrssystems oder den Paradigmen der Verkehrspolitik stattgefunden hat – die Sozialisationsbedingungen der jüngeren Kohorten können daher als ähnlich angenommen werden.

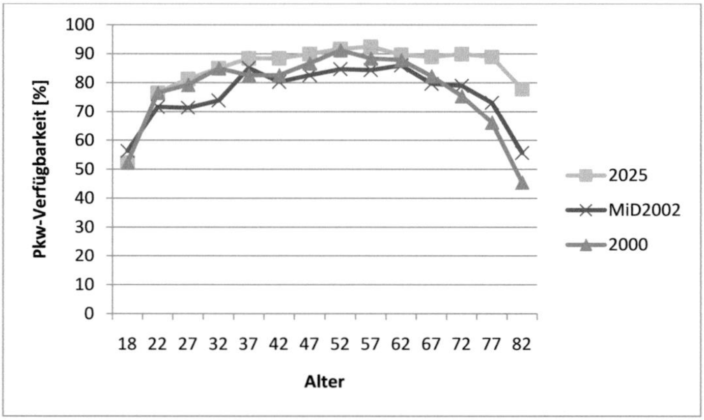

Abbildung 29: Pkw-Verfügbarkeit Männer Raumtyp Großstadt nach MiD 2002, Modell 2000 und 2025. Definition Pkw-Verfügbarkeit s. S. 6.

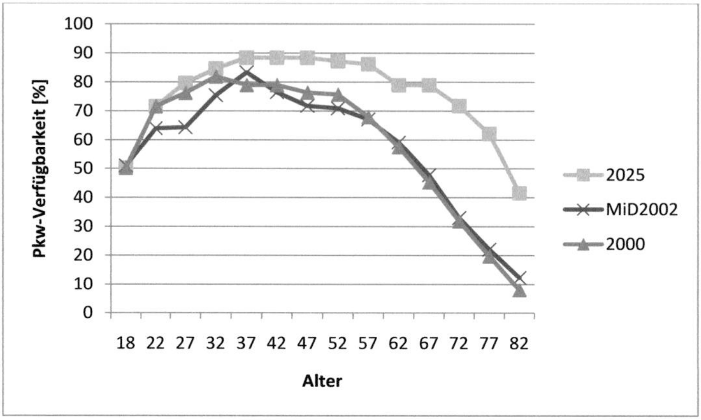

Abbildung 30: Pkw-Verfügbarkeit Frauen Raumtyp Großstadt nach MiD 2002, Modell 2000 und 2025. Definition Pkw-Verfügbarkeit s. S. 6.

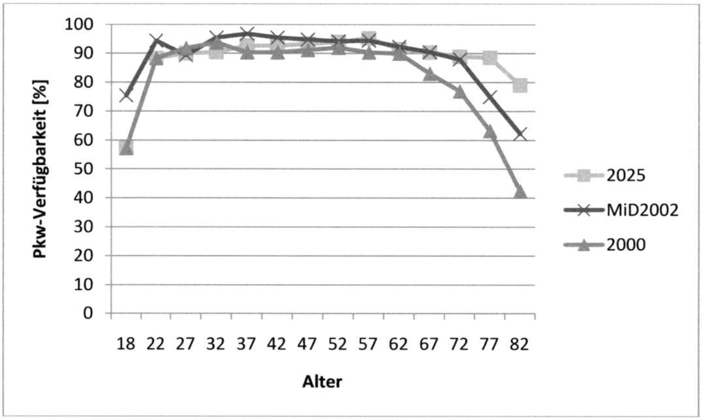

Abbildung 31: Pkw-Verfügbarkeit Männer Raumtyp Land nach MiD 2002, Modell 2000 und 2025. Definition Pkw-Verfügbarkeit s. S. 6.

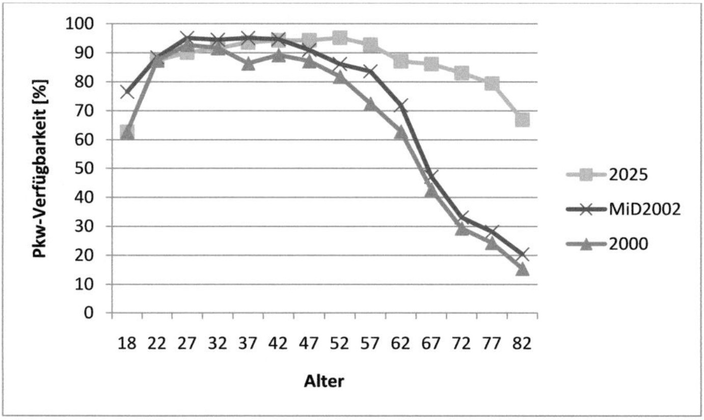

Abbildung 32: Pkw-Verfügbarkeit Frauen Raumtyp Land nach MiD 2002, Modell, 2000 und 2025. Definition Pkw-Verfügbarkeit s. S. 6.

Abbildung 29 bis Abbildung 32 beschreiben den Vergleich der Modellkurven 2000, 2025 und der empirischen Werte der MiD 2002. Grundsätzlich passen Modell 2000 und MiD 2002 zusammen, insbesondere der ausgeprägte Kohorteneffekt bei Frauen kann vom Modell gut abgebildet werden. Berücksichtigt man die Inhomogenität der verschiedenen Datensätze sowie den zeitlichen Versatz von zwei Jahren, so erscheint die Kalibrierung des Modells durchaus erfolgreich.

Mit den Vorhersagen und der Bevölkerungsverteilung kann nun für alle mobilen Personen klassiert nach Alter und Geschlecht die Zahl der Personen mit und ohne Pkw bestimmt werden. Diese Information ist wiederum erklärende Variable im folgenden Schritt, der Extrapolation der Wegehäufigkeiten.

6.3.4 Wegehäufigkeiten 2025

Eine wichtige Kenngröße in der Verkehrsentstehung sind die Wege pro Person und Tag, klassiert nach Personentypen. Diese Wegezahl kann weiter differenziert werden nach dem Zweck. Beim Wegezweck ist es unterschiedlich sinnvoll, Kohorteneffekte zu unterstellen: Arbeits- und Dienstwege beispielsweise hängen entscheidend von der wirtschaftlichen Entwicklung und von der Beschäftigungssituation ab, sie werden also zu einem erheblichen Teil von exogenen Faktoren bestimmt. Vergleichbares kann über Ausbildungswege gesagt werden, während Servicewege entscheidend von der Haushaltszusammensetzung abhängen, diese wird hier ebenfalls als exogen betrachtet.

Die Extrapolation der Alters- und Kohorteneffekte beschränkt sich daher auf die Gesamtzahl der Wege pro Person und Tag, auf Einkaufswege und Freizeitwege. Diese drei Kenngrößen scheinen am deutlichsten in den Bedürfnissen der Person selber begründet zu sein und damit zumindest im gewissen Umfang Alters- und Kohorteneffekten zu unterliegen. Als weitere modellendogene Variable steht aus dem vorherigen Schritt die Pkw-Verfügbarkeit zur Verfügung.

Für alle drei Kenngrößen Wegezahl gesamt, Freizeitwege und Einkaufswege kommt klassiert nach Alter, Raumtyp und Geschlecht die folgende lineare Regressionsgleichung zum Einsatz:

$$y_{ij} = \beta_0 + \sum a_i * Alter_i + \sum k_{j-i} * Kohorte_{j-i} + \varphi * pkwverf_{ij} + \varepsilon_{ij} \qquad (6.2)$$

Mit:

y_{ij}	Wege pro Person und Tag in Altersklasse i und Beobachtungsjahr j
i	Alter
j	Beobachtungsjahr (Periode)
a	Altersparameter
k	Kohortenparameter
φ	Pkw-Verfügbarkeitsparameter
ε	Störterm

Alternativ zu dieser Verwendung der Pkw-Verfügbarkeit als erklärende Variable könnte der Datensatz zusätzlich zum Alter, Raumtyp und Geschlecht nach Pkw-Verfügbarkeit klassiert werden. Damit würde aber in einigen Klassen die Unterstichprobe zu klein werden, um die recht zahlreichen Alters- und Kohortenparameter verlässlich schätzen zu können. Dies gilt insbesondere für Männer im Raumtyp Land, hier gibt es in vielen Altersklassen kaum Personen ohne Pkw. Daher sollte auf eine Klassierung der Daten zusätzlich nach Pkw-Verfügbarkeit zum gegenwärtigen Zeitpunkt verzichtet werden, mit einigen zusätzlichen Paneljahrgängen kann eine derartige Klassierung in Zukunft jedoch möglich werden.

Die Wegezahlen werden im Mobilitätspanel über eine Personenwoche aggregiert. Aus zwei Gründen kommen in diesem Modellschritt die KONTIVs nicht zum Einsatz: Einerseits erheben die KONTIVs nur einen Tag, aufgrund erheblicher Unterschiede einzelner Wochentage würde dadurch die intrapersonelle Varianz die Schätzung erheblich verschlechtern. Andererseits führen methodische Unterschiede zwischen den KONTIVs gerade bei den Wegezahlen zu Verzerrungen. Die Parameterschätzung beschränkt sich daher auf westdeutsche Personen im Mobilitätspanel von 1994 – 2007.

Tabelle 26 beinhaltet die Regressionsparameter für den Raumtyp Großstadt, Tabelle 27 für den Raumtyp Land. Die Schätzung findet wieder mit einer Backward-Selection auf dem Signifikanzniveau von 20 % statt – grau unterlegt sind erneut jene Parameter, die als nichtsignifikant aus dem Modell eliminiert werden. Aufgrund der ohne die KONTIVs deutlich niedrigeren Stichprobengröße sind weniger Parameter signifikant als im Pkw-Verfügbarkeits-Logit.

Raumtyp Großstadt							
		Männer			Frauen		
		Gesamt	Einkauf	Freizeit	Gesamt	Einkauf	Freizeit
R-Quadrat		0.04	0.13	0.02	0.18	0.08	0.04
Konstante		3.4	0.5	0.6	3.7	0.7	0.6
Altersvariablen	a17	0.0	-0.1	0.0	0.3	-0.1	0.2
	a22	0.0	0.0	0.1	0.0	0.0	0.0
	a27	0.0	0.0	0.0	-0.2	0.0	0.0
	a32	0.0	0.0	0.0	-0.3	-0.1	0.0
	a37	0.0	0.0	-0.1	0.0	0.1	0.0
	a42	0.0	0.0	0.0	0.0	0.0	0.0
	a47	0.0	0.0	0.0	-0.3	0.0	0.0
	a52	-0.2	0.0	0.0	-0.2	0.0	0.0
	a57	0.0	0.1	0.1	-0.4	0.0	0.0
	a62	0.1	0.3	0.2	-0.2	0.1	0.2
	a67	0.0	0.4	0.2	-0.5	0.0	0.1
	a72	0.1	0.4	0.3	-0.8	0.0	0.0
	a77	0.0	0.4	0.2	-0.7	0.0	0.1
	a82	0.0	0.3	0.2	-1.0	-0.1	0.0
Kohortenvariablen	k1983	-0.2	-0.2	0.0	-0.5	-0.2	-0.1
	k1978	0.0	-0.1	0.2	0.0	-0.1	0.2
	k1973	0.1	0.0	0.1	0.5	0.1	0.2
	k1968	0.0	0.0	0.1	0.2	0.0	0.1
	k1963	0.0	0.0	0.1	0.4	0.1	0.1
	k1958	0.0	0.0	0.0	0.0	0.0	0.0
	k1953	0.0	0.0	0.0	-0.2	0.0	0.0
	k1948	0.0	0.0	0.0	-0.4	0.0	-0.1
	k1943	-0.2	0.0	-0.1	-0.5	0.0	-0.1
	k1938	-0.4	-0.1	-0.1	-0.3	0.1	0.0
	k1933	-0.5	-0.1	-0.1	-0.4	0.0	0.0
	k1928	-0.7	-0.1	-0.2	-0.5	0.0	-0.1
Pkw-Verfügbarkeit		0.3	0.0	0.0	0.4	0.1	0.1

Tabelle 26: Parameter der AC-Regression Anzahl Wege pro Person und Tag, Raumtyp Großstadt. Datenquelle: MOP 1994 – 2007. Grau unterlegt: Nichtsignifikante Parameter auf 20%-Niveau. Definition Pkw-Verfügbarkeit s. S. 6.

Raumtyp Land							
		Männer			Frauen		
		Gesamt	Einkauf	Freizeit	Gesamt	Einkauf	Freizeit
R-Quadrat		0.05	0.14	0.06	0.16	0.12	0.05
Konstante		3.1	0.4	0.6	3.7	0.8	0.6
Altersvariablen	a17	0.0	0.0	0.1	0.0	0.0	0.1
	a22	0.0	0.0	0.2	0.0	0.1	0.1
	a27	0.0	0.0	0.1	-0.4	0.0	0.1
	a32	0.0	0.0	0.0	-0.3	0.0	0.0
	a37	0.0	0.0	0.0	0.0	0.0	0.0
	a42	0.0	0.0	0.0	0.0	0.0	0.0
	a47	0.0	0.0	0.0	-0.5	0.0	0.0
	a52	-0.2	0.0	0.0	-0.3	0.0	0.1
	a57	0.0	0.0	0.1	-0.8	0.0	0.0
	a62	0.0	0.3	0.3	-0.6	0.2	0.1
	a67	-0.3	0.1	0.3	-0.4	0.2	0.3
	a72	-0.5	0.0	0.4	-0.5	0.1	0.4
	a77	-1.2	0.0	0.0	-0.4	0.2	0.2
	a82	-1.1	0.0	0.0	-1.1	0.0	0.0
Kohortenvariablen	k1983	0.0	0.0	0.2	-0.4	-0.1	0.2
	k1978	0.0	-0.2	0.0	0.0	-0.4	0.0
	k1973	0.0	0.0	0.0	0.3	-0.3	0.2
	k1968	0.4	0.1	0.0	0.4	0.0	0.1
	k1963	0.0	0.0	0.0	0.0	-0.1	0.0
	k1958	0.0	0.0	0.0	0.0	0.0	0.0
	k1953	0.4	0.1	0.0	0.0	-0.1	-0.1
	k1948	0.0	0.1	-0.1	0.0	0.0	0.0
	k1943	0.0	0.0	0.0	0.0	-0.1	0.0
	k1938	0.5	0.3	0.0	-0.3	-0.2	0.0
	k1933	0.0	0.1	-0.2	-0.4	-0.2	-0.1
	k1928	0.4	0.3	0.0	-1.0	-0.3	-0.3
Pkw-Verfügbarkeit		0.4	0.0	0.0	0.2	0.0	0.0

Tabelle 27: Parameter der AC-Regression Anzahl Wege pro Person und Tag, Raumtyp Land. Datenquelle: MOP 1994 – 2007. Grau unterlegt: Nichtsignifikante Parameter auf 20%-Niveau. Definition Pkw-Verfügbarkeit s. S. 6.

Auffallend ist die deutlich höhere Zahl nichtsignifikanter Parameter bei Männern, insbesondere scheinen in jüngeren Jahren kaum Alterseffekte bei Männern auf die Wegehäufigkeit zu wirken. Die Pkw-Verfügbarkeit wirkt sich bei Männern und Frauen in beiden Raumtypen positiv aus auf die Gesamtzahl der Wege, auf die Mehrheit der Einkaufs- und Freizeitwege wirkt der Zugang zum Pkw dagegen nicht signifikant. Die Schätzparameter können nun verwendet werden, um makroskopische Vorhersagen für die Wegehäufigkeit 2025 zu erstellen (Tabelle 28).

Karlsruhe	Altersklasse	10-24	25-44	45-64	65+
Wege gesamt	Männer mit Pkw	3.5	3.7	3.8	3.8
	Männer ohne Pkw	3.2	3.4	3.5	3.4
	Frauen mit Pkw	3.5	3.8	4.1	3.0
	Frauen ohne Pkw	3.3	3.4	3.7	2.5
Einkaufswege	Männer mit Pkw	0.3	0.5	0.6	0.9
	Männer ohne Pkw	0.2	0.5	0.6	0.9
	Frauen mit Pkw	0.4	0.7	0.8	0.7
	Frauen ohne Pkw	0.3	0.6	0.7	0.6
Freizeitwege	Männer mit Pkw	0.8	0.6	0.8	0.8
	Männer ohne Pkw	0.7	0.6	0.8	0.8
	Frauen mit Pkw	0.8	0.6	0.8	0.7
	Frauen ohne Pkw	0.7	0.5	0.8	0.6
Kronach	**Altersklasse**	**10-24**	**25-44**	**45-64**	**65+**
Wege gesamt	Männer mit Pkw	3.5	3.5	3.6	2.9
	Männer ohne Pkw	3.2	3.1	3.2	2.4
	Frauen mit Pkw	3.5	3.7	3.6	3.4
	Frauen ohne Pkw	3.3	3.4	3.3	3.0
Einkaufswege	Männer mit Pkw	0.3	0.4	0.5	0.5
	Männer ohne Pkw	0.2	0.4	0.5	0.5
	Frauen mit Pkw	0.4	0.7	0.7	0.8
	Frauen ohne Pkw	0.3	0.7	0.7	0.8
Freizeitwege	Männer mit Pkw	0.8	0.6	0.7	0.7
	Männer ohne Pkw	0.7	0.6	0.7	0.7
	Frauen mit Pkw	0.8	0.6	0.7	0.8
	Frauen ohne Pkw	0.7	0.6	0.7	0.7

Tabelle 28: Eckwerte der Wege pro Person und Tag 2025

Hier ist die geringe Zahl der Einkaufswege in den jüngeren Altersklassen auffallend, dies hängt vermutlich damit zusammen, dass jüngere Personen häufig noch keinen eigenen Haushalt führen. Interessant ist außerdem die hohe Zahl an Wegen bei Rentnern mit Pkw in der Stadt: Es handelt sich hier um die zumeist mobileren Senioren, die in der Stadt gute Einkaufs- und Freizeitmöglichkeiten vorfinden, was zu vielen wenngleich kurzen Wegen führt.

Die vorliegenden Eckwerte werden im nächsten Schritt nun als Nebenbedingungen für die Ziehung der Aktivitätenketten verwendet.

6.3.5 Simulation der Aktivitätenketten

Ziel dieser Stufe ist es, jeder Person eine Aktivitätenkette unter Nebenbedingungen zuzuordnen. Die Aktivitätenketten sollten zu den Personen passen – grundsätzlich ist es zwar beispielsweise denkbar, dass auch ein Achtzigjähriger noch Arbeits- oder Ausbildungswege absolviert, jedoch sollte die Wahrscheinlichkeit hierzu gering sein. Daher werden die Aktivitätenketten jeweils nach Alter, Geschlecht und Raumtyp gepoolt; eine Kette aus diesem Pool wird im Folgenden zulässig genannt, wenn die zugehörige Person demselben Typ angehört.

Die Nebenbedingungen lauten: In der Summe müssen sämtliche Aktivitätenketten die Eckwerte der Wegehäufigkeiten gesamt, Einkauf und Freizeit erfüllen. Die Zuordnung von Aktivitätenketten zu Personen sollte zufällig sein und mit möglichst großer Varianz der zugrundeliegenden Aktivitätenmuster einhergehen. Es handelt sich dabei um ein kombinatorisches Problem, das durch exakte Verfahren kaum lösbar ist. Daher kommt eine Heuristik zum Einsatz, welche mit einer zufälligen Startverteilung beginnt und in zufälliger Reihenfolge aus dem Pool zulässiger Aktivitätenketten jeweils einen Alternativvorschlag zieht. Verbessert dieser Alternativvorschlag mehr Eckwerte, als er verschlechtert, so wird die neue Wegekette angenommen. Andernfalls wird die Alternative abgelehnt. Train (2003, S. 119) nennt ein ähnliches Verfahren zur Simulation von Zufallsverteilungen „Accept-Reject-Simulator“, weshalb dieser Name auch hier zum Einsatz kommen soll.

Im Detail ist das Verfahren in Abbildung 33 beschrieben. Ausgangsdaten sind die bereits ermittelte Bevölkerungsverteilung nach Alter und Geschlecht ohne pflegebedürftige Personen. Für alle Klassen ist außerdem der Anteil der Personen mit Pkw-Verfügbarkeit bekannt, ebenso liegen für jede Klasse Schätzwerte der Wegehäufigkeiten gesamt, Einkauf und Freizeit vor. Ferner wird zu Beginn für jede Klasse aus dem Deutschen Mobilitätspanel ein Pool an zulässigen Wochenmustern erstellt – diese Muster enthalten für sieben Tage in Folge Aktivitätenketten sowie die daraus folgenden Summen an Wegen pro Woche, wieder aufgegliedert nach gesamt, Einkauf und Freizeit. Es werden also immer gesamte Wochenmuster gezogen – damit kann die intrapersonelle Konsistenz der Ergebnisse verbessert werden.

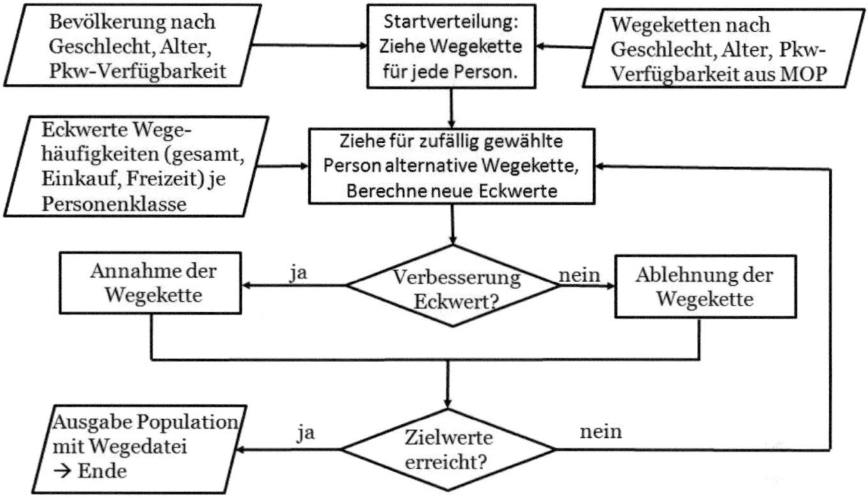

Abbildung 33: Programmablaufplan der Accept / Reject-Simulation

Mit den Ausgangsdaten wird nun eine Startverteilung erstellt: Es werden für jede Klasse gemäß ihrer Größe Aktivitätenketten aus dem Pool der Personenklasse gezogen. Anschließend wird für eine zufällige Person eine alternative Aktivitätenkette aus dem zugehörigen Pool gezogen und die Auswirkungen der neuen Aktivitätenkette auf die Eckwerte untersucht: Werden mehr Eckwerte verbessert als verschlechtert, wird die neue Aktivitätenkette angenommen, ansonsten abgelehnt. Dies wird für zufällig ausgewählte Personen so lange wiederholt, bis die angestrebten Eckwerte erreicht sind, dann bricht das Verfahren ab.

Die Simulation wird getrennt für jede Personenklasse mit dem jeweiligen Aktivitätenpool und den zugehörigen Eckwerten durchgeführt. Da bei den Personenklassen unterschiedlich starke Veränderungen bis ins Jahr 2025 stattfinden und somit die Differenzen zwischen Startverteilung und angestrebten Eckwerten zwischen den Klassen erheblich variieren, ergeben sich unterschiedlich schnelle Konvergenzen des Algorithmus. Tabelle 29 listet die jeweils nötige Zahl durchschnittlicher Aktivitätenketten-Ziehungen je Person bis zur Konvergenz des Algorithmus. Zu sehen ist, dass der Algorithmus überall konvergiert, am längsten dauert die Konvergenz bei den jungen Erwachsenen in der Schrumpfungsregion Landkreis Kronach.

Personenklasse	Durchschnittliche Anzahl gezogener Alternativ-Aktivitätenketten pro Person	
	Karlsruhe	Kronach
Männer 25 – 44 mit Pkw	3	8
Männer 25 – 44 ohne Pkw	7	25
Frauen 25 – 44 mit Pkw	3	10
Frauen 25 – 44 ohne Pkw	5	16
Männer 45 – 64 mit Pkw	3	1
Männer 45 – 64 ohne Pkw	3	4
Frauen 45 – 64 mit Pkw	4	2
Frauen 45 – 64 ohne Pkw	10	4
Männer 65+ mit Pkw	4	3
Männer 65+ ohne Pkw	3	3
Frauen 65+ mit Pkw	7	5
Frauen 65+ ohne Pkw	4	5

Tabelle 29: Konvergenz des Accept / Reject Algorithmus für Karlsruhe und den Landkreis Kronach, jeweils für das Jahr 2025

Für Personen unter 25 Jahren wird das Accept / Reject-Verfahren nicht verwendet, da der Großteil dieser Klasse für das Zieljahr 2025 heute noch nicht geboren ist und Aussagen über mögliche Kohorteneffekte daher kaum möglich sind. Stattdessen wird ein gleiches Verhalten wie heute angenommen und entsprechend werden Aktivitätenketten ohne Nebenbedingungen gezogen. Insbesondere für überalternde Regionen wie den Landkreis Kronach stellt diese Vereinfachung kaum ein Problem dar, weil sie offensichtlich nur einen kleinen Teil der Bevölkerung betrifft.

Nach dem erfolgreichen Durchlaufen des Accept / Reject-Algorithmus liegen somit für die gesamte Population ab 10 Jahren Aktivitätenmuster für eine Woche vor, gleichzeitig deren Abgangs- und Ankunftszeiten. Die Verwendung dieser Zeiten setzt voraus, dass man exogene Einflüsse wie beispielsweise veränderte Arbeits- oder Schulanfangszeiten ausblendet. Die Daten können anschließend aggregiert und nach Wegemustern und Ganglinien ausgewertet werden. Zum Vergleich werden gemäß der Bevölkerungsverteilung 2006 ebenfalls unter Berücksichtigung nichtmobiler Personen klassiert nach Alter, Ortsgröße und Geschlecht Populationen und deren Aktivitätenketten gezogen.

6.4 Ergebnisse in Karlsruhe und im Landkreis Kronach

Die Entwicklungen der häufigsten Aktivitätenketten für die gesamte Population fassen Tabelle 30 für Karlsruhe und Tabelle 31 für den Landkreis Kronach zusammen. Mit Ausnahme von Männern in Kronach sinkt die Bedeutung der zehn wichtigsten Aktivitätenketten weiter – dies entspricht dem Trend, der schon in der Vergangenheit festgestellt wurde. Ketten mit Freizeitwegen gewinnen gemäß Vorgabe an Bedeutung, die Zahl der Ausbildungswege sinkt dagegen aufgrund der zugrückgehenden Zahl Jugendlicher.

	Karlsruhe: Personen ab 10 Jahren							
	Männer 2006		Männer 2025		Frauen 2006		Frauen 2025	
Rang	Kette	[%]	Kette	[%]	Kette	[%]	Kette	[%]
1	W-A-W	15.3	W-A-W	15.4	W-E-W	10.9	W-A-W	9.6
2	W-E-W	6.5	W-E-W	5.5	W-A-W	7.7	W-E-W	7.9
3	W-F-W	4.4	W-A-W-F-W	4.7	W-F-W	6.7	W-F-W	5.9
4	W-A-W-F-W	4.3	W-F-W	4.7	W-Au-W	3.7	W-E-W-F-W	3.3
5	W-Au-W	4.2	W-Au-W	3.4	W-E-W-F-W	3.6	W-A-W-F-W	3.3
6	W-Au-W-F-W	4.0	W-Au-W-F-W	3.2	W-Au-W-F-W	2.6	W-Au-W	3.2
7	W-A-W-E-W	2.6	W-E-W-F-W	3.0	W-E-W-E-W	2.5	W-A-W-E-W	2.5
8	W-E-W-F-W	2.5	W-A-W-E-W	2.2	W-A-W-F-W	2.5	W-A-E-W	2.1
9	W-E-W-E-W	2.0	W-E-W-E-W	2.0	W-A-W-E-W	2.1	W-Au-W-F-W	2.1
10	W-A-E-W	1.8	W-D-W	1.5	W-A-E-W	2.0	W-E-W-E-W	2.0
∑		47.5		45.6		44.3		41.9
Legende: W = Wohnen, A = Arbeit, D = dienstlicher Weg, E = Einkauf, F = Freizeit, Au = Ausbildung								

Tabelle 30: Simulierte Aktivitätenketten-Häufigkeiten Karlsruhe Dienstag – Donnerstag

	Kronach: Personen ab 10 Jahren							
	Männer 2006		Männer 2025		Frauen 2006		Frauen 2025	
Rang	Kette	[%]	Kette	[%]	Kette	[%]	Kette	[%]
1	W-A-W	15.7	W-A-W	15.8	W-E-W	12.9	W-E-W	12.4
2	W-E-W	7.5	W-E-W	9.0	W-F-W	7.9	W-F-W	9.1
3	W-Au-W	5.4	W-F-W	7.8	W-A-W	7.4	W-A-W	7.0
4	W-F-W	4.8	W-A-W-F-W	5.1	W-Au-W	5.0	W-E-W-F-W	5.0
5	W-A-W-F-W	4.4	W-Au-W	4.4	W-E-W-F-W	4.2	W-Au-W	3.7
6	W-Au-W-F-W	3.4	W-E-W-F-W	3.2	W-Au-W-F-W	3.2	W-E-W-E-W	2.8
7	W-A-W-E-W	3.1	W-A-W-E-W	2.8	W-E-W-E-W	2.6	W-A-W-F-W	2.3
8	W-E-W-F-W	2.7	W-Au-W-F-W	2.6	W-A-W-E-W	2.2	W-Au-W-F-W	2.3
9	W-A-W-A-W	2.2	W-D-W	1.8	W-A-W-F-W	2.1	W-A-W-E-W	2.2
10	W-E-W-E-W	1.9	W-F-W-F-W	1.8	W-E-E-W	1.5	W-F-W-F-W	1.8
∑		51.0		54.3		49.0		48.6
Legende: W = Wohnen, A = Arbeit, D = dienstlicher Weg, E = Einkauf, F = Freizeit, Au = Ausbildung								

Tabelle 31: Simulierte Aktivitätenketten-Häufigkeiten Kronach Dienstag – Donnerstag

Während die Ergebnisse der Aktivitätenketten eher Urteile über die Validität des Modells erlauben, können die Auswertungen zukünftiger Ganglinien wichtige Erkenntnisse für die Verkehrsplanung und Verkehrspolitik abwerfen. Verglichen werden jeweils die Modellergebnisse der nichtpflegebedürftigen Bevölkerung ab 10 Jahren 2006 und 2025, betrachtet wird ein Durchschnittstag aus Dienstag, Mittwoch und Donnerstag. Abbildung 34 beschreibt die Ganglinien in Karlsruhe für die gesamte Bevölkerung und für alle Verkehrsmittel, Abbildung 35 dasselbe für Kronach. Abbildung 36 und Abbildung 37 zeichnen für Karlsruhe beziehungsweise den Landkreis Kronach die Ganglinien der Rentner in allen Verkehrsmitteln von Dienstag bis Donnerstag.

Unterstellt man eine identische Verkehrsmittelwahl wie bei den Original-Aktivitätenketten, welche gezogen wurden, so lassen sich auch für den ÖV und den MIV Ganglinien darstellen. Diese Annahme kann eine eigene Modellierung der Verkehrsmittelwahl nicht ersetzen, gibt jedoch erste Hinweise über das Verhalten potenzieller ÖV-Nutzer oder Pkw-affiner Personen. Abbildung 38 und Abbildung 39 stellen für Karlsruhe beziehungsweise den Landkreis Kronach die Ganglinien der gesamten Bevölkerung von Dienstag bis Donnerstag in Bus und Bahn dar, Abbildung 40 und Abbildung 41 dasselbe für den MIV.

Im Vergleich zwischen Karlsruhe und Kronach fällt auf, dass Karlsruhe als Großstadt in einer Wachstumsregion auch mittelfristig nicht mit einem Rückgang des Verkehrsaufkommens rechnen muss, sondern dass das Aufkommen recht kontinuierlich verteilt über den Tag noch ein wenig steigt. Am schwächsten scheint dieser Anstieg in der Mittagsspitze zu sein, ausgelöst durch einen Rückgang der Schülerverkehre, außerdem teilweise im Nachtverkehr – hier kann es sich jedoch aufgrund der geringen Stichprobengröße auch um zufälliges Rauschen handeln.

Dieser Zufallseffekt gilt im stärkeren Maße für den Spät- und Nachtverkehr im Landkreis Kronach. Tagsüber können hier bis 2025 deutliche Rückgänge beobachtet werden, diese verteilen sich jedoch nicht gleichmäßig über den Tag, sondern wirken besonders stark in der Morgenspitze zwischen sieben und acht Uhr sowie in der Mittagspitze. Vormittags fällt der Rückgang dagegen nur schwach aus. Neben einem Rückgang des Aufkommens in dieser Region wird es also auch zu einer gleichmäßigeren Auslastung der Infrastruktur kommen – mit größeren Engpässen wird in dieser Region also auch ohne Neu- und Ausbau kaum zu rechnen sein.

Beim Verkehrsaufkommen der Rentner (hier definiert als über 65-jährige) ist sowohl in Karlsruhe als auch im Landkreis Kronach mit einem deutlichen Anstieg zu rechnen – bedingt offensichtlich durch die Alterung der Gesellschaft und damit dem Wachstum dieser Personengruppe selbst in der Schrumpfungsregion. Auffallend ist der ausgeprägte Anstieg am Spätnachmittag und Abend: Dies kann ausgelöst werden durch einen höheren Anteil mobiler Rentner, die im Gegensatz zu wenigmobilen Rentnern ein ausgeprägtes Freizeitleben haben, das wiederum häufiger in den Abendstunden stattfindet. Auch dies ist eine durchaus gute Nachricht für die Infrastrukturauslastung.

Bus und Bahn werden unter den getroffenen Annahmen durch den Rückgang der Zwangskunden an Verkehrsaufkommen verlieren. Ignoriert man die eher zufälligen Schwankungen in den Nachtstunden, so verliert Karlsruhe vornehmlich in den Vormittagstunden Zwangskunden ohne Pkw sowie in der Mittagspitze Schülerverkehre, am schwächsten ist der Rückgang wieder in den Tagesrandlagen. Im Landkreis Kronach fällt der Rückgang bei Bus und Bahn massiv aus, bis zu knapp 50 % in der Morgen- und der Mittagspitze. Der einzige Trost für die Anbieter Öffentlicher Verkehrsdienstleistungen liegt darin, dass durch das Abschmelzen dieser Spitzenstunden die Infrastrukturauslastung gleichmäßiger über den Tag stattfindet, was die Kosten senken dürfte.

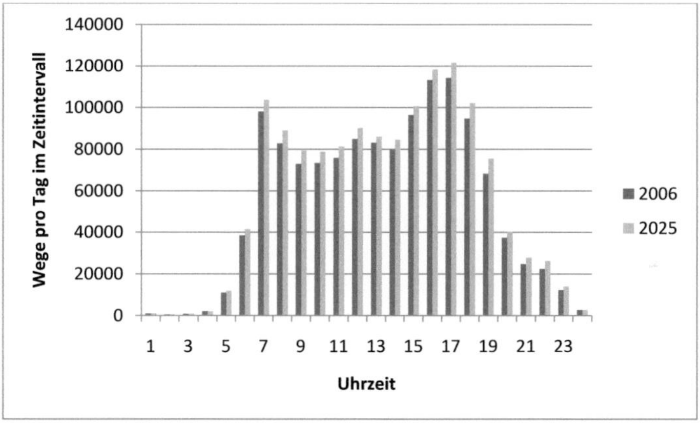

Abbildung 34: Ganglinien Karlsruhe Dienstag – Donnerstag, alle Verkehrsmittel, gesamte Population

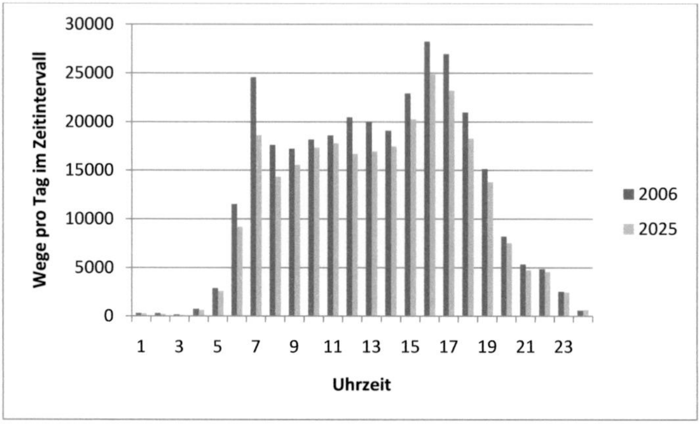

Abbildung 35: Ganglinien Kronach Dienstag – Donnerstag, alle Verkehrsmittel, gesamte Population

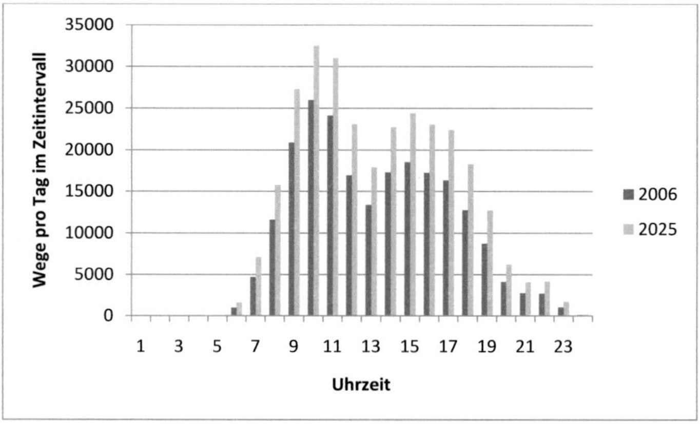

Abbildung 36: Ganglinien Karlsruhe Dienstag – Donnerstag, alle Verkehrsmittel, Rentner

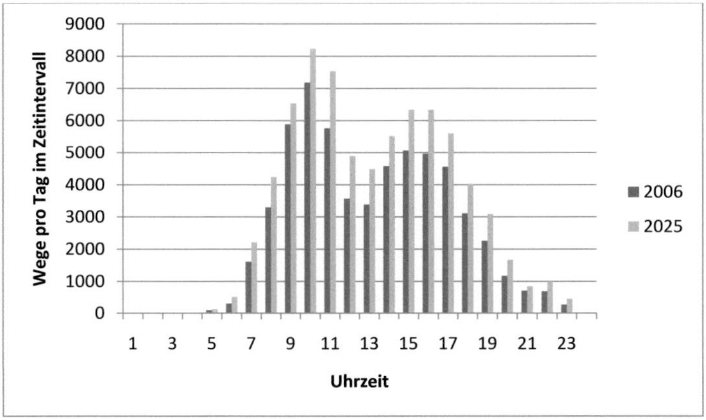

Abbildung 37: Ganglinien Kronach Dienstag – Donnerstag, alle Verkehrsmittel, Rentner

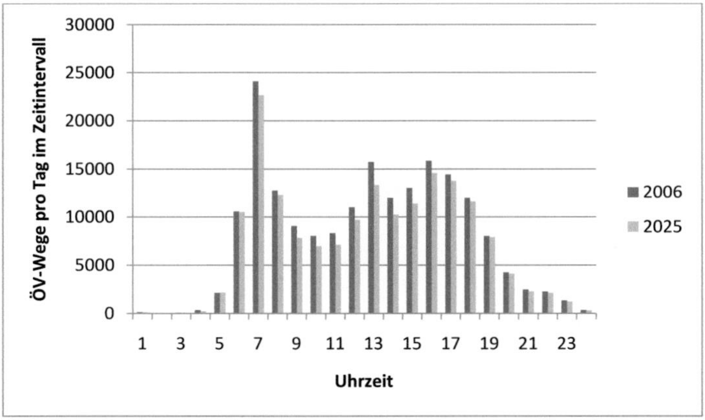

Abbildung 38: Ganglinien Karlsruhe Dienstag – Donnerstag, ÖV, gesamte Population

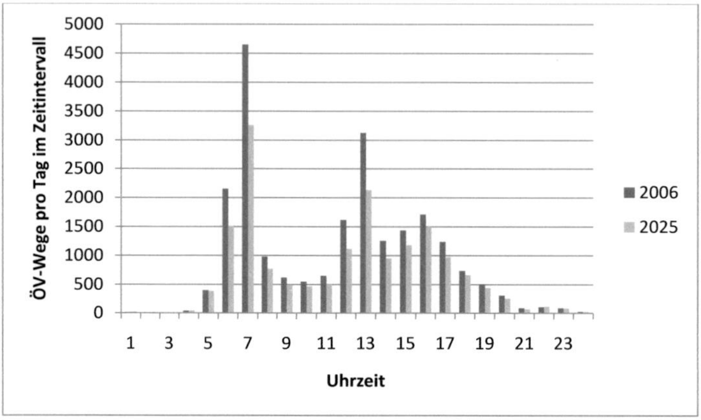

Abbildung 39: Ganglinien Kronach Dienstag – Donnerstag, ÖV, gesamte Population

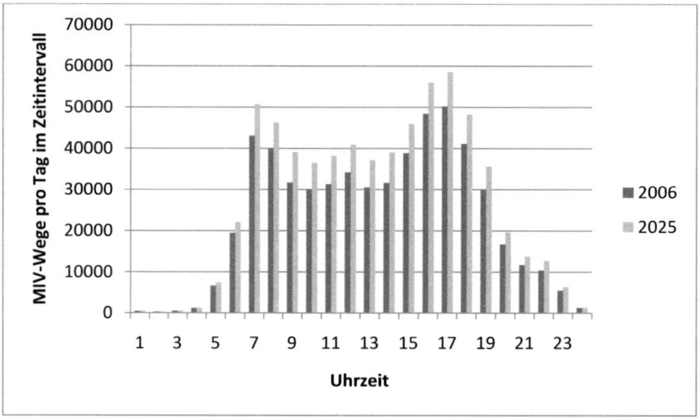

Abbildung 40: Ganglinien Karlsruhe Dienstag – Donnerstag, MIV, gesamte Population

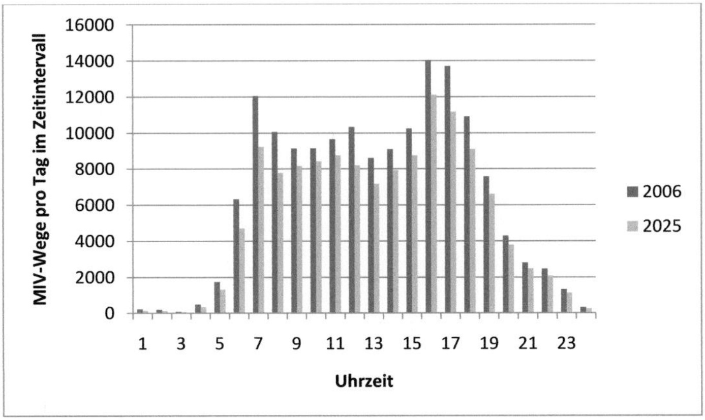

Abbildung 41: Ganglinien Kronach Dienstag – Donnerstag, MIV, gesamte Population

6.5 Ausmaß der Kohorteneffekte

Für die Bewertung der Modellergebnisse verbleibt die Frage, welchen Einfluss nun jeweils Alters- und Kohorteneffekte ausüben? Hierzu werden beispielhaft die Rentner betrachtet, eine Gruppe, in welcher beide Effekte deutlich ausgeprägt sind. Für das Zieljahr 2025 werden zusätzlich zu den Modellergebnissen mit Kohorteneffekten Modellergebnisse ohne Kohorteneffekte berechnet. Dazu werden in dem in Abbildung 28 beschriebenen Algorithmus nur die Stufen 1 und 2 durchlaufen, es werden also sowohl Alterseffekte als auch nichtmobile Personen im Zieljahr berücksichtigt. Eine Veränderung der Pkw-Verfügbarkeit und der Wegehäufigkeiten in den Altersklassen findet jedoch nicht statt, daher ist auch keine Accept-Reject-Simulation nötig, die Wegeketten können ohne Nebenbedingungen aus den korrespondierenden Personenklassen gezogen werden.

Abbildung 42 vergleicht nun für Karlsruhe die relativen Änderungen zwischen 2006 und 2025 über alle Verkehrsmittel von Dienstag bis Donnerstag für Rentnerinnen und Rentner. Aufgetragen ist einmal die relative Änderung zwischen 2006 und einer Modellschätzung 2025 ohne Kohorteneffekte, andererseits ein Vergleich zwischen 2006 und 2025 im Modell mit Kohorteneffekten. Das Zeitintervall zwischen 0 Uhr und 5 Uhr wird nicht betrachtet, da hier aufgrund der wenigen Fahrten die Zufallsschwankungen zu groß sind. Abbildung 43 liefert dieselbe Darstellung für den Landkreis Kronach.

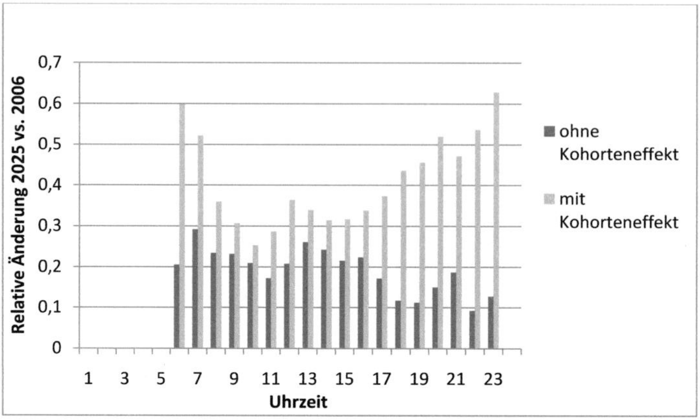

Abbildung 42: Relative Veränderungen der Ganglinien Rentner in Karlsruhe zwischen 2006 und 2025 ohne und mit Kohorteneffekten

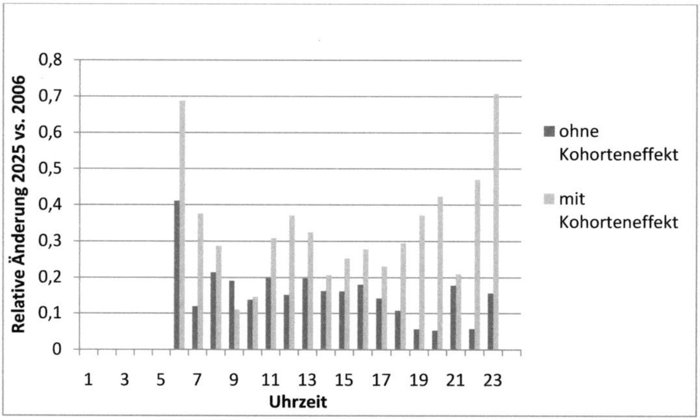

Abbildung 43: Relative Veränderungen der Ganglinien Rentner in Kronach zwischen 2006 und 2025 ohne und mit Kohorteneffekten

Der bereits im vorigen Abschnitt konstatierte Anstieg des Verkehrsaufkommens bei Rentnern in beiden Raumtypen kann hier auch für eine Modellierung ohne Kohorteneffekte bestätigt werden, allerdings fällt der Anstieg bei Modellierung mit Kohorteneffekten deutliche stärker aus. Die Kohorteneffekte verstärken den Anstieg deutlich morgens und in der Mittagspitze, am deutlichsten aber vom späten Nachmittag bis zum Ende des Tages: Die Rentner mit Pkw werden insbesondere in diesem Tagesabschnitt deutlich mobiler sein als der durchschnittliche Rentner heute. Aufgrund dieser Ergebnisse kann konstatiert werden: Beschränkt man Prognosen des Verkehrsaufkommens lediglich auf den Alterseffekt, so wird sowohl das Ausmaß der Änderungen unterschätzt, als auch die zeitliche Verteilung der Änderungen falsch eingeschätzt. Daher sollten zumindest für die Bemessung der Infrastruktur Kohorteneffekte eine Erklärungsgröße bei der Modellierung zukünftiger Nachfrage sein.

6.6 Modellierung der verbleibenden Stufen

Wie oben gezeigt, lässt eine Prognose der Verkehrsentstehung bereits verschiedene Aussagen zur Verkehrsnachfrage der Zukunft zu. Daneben können die Ergebnisse der Alters- Kohortenmodelle auf makroskopischer Ebene Vorhersagen in die Zukunft erlauben, wie dies bereits in Abschnitt 5.5 geschehen ist. Möglich ist jedoch auch eine Ergänzung der Verkehrsentstehung um weitere Modellschritte aus dem Vier-Stufen-Ansatz – denkbare Umsetzungen dazu sollen im Folgenden diskutiert werden.

Die Modellierung der Verkehrsentstehung benötigt als einzige Stufe des Vier-Stufen-Algorithmus keine Informationen über das Netz, für die verbleibenden Stufen ist das Netz jedoch Voraussetzung. Insbesondere bei Bus und Bahn kann es hier im Laufe von eineinhalb Jahrzehnten zu Verschiebungen kommen, wenn beispielsweise Erweiterungen oder Kürzungen im Angebot Änderungen in den Reisezeiten mit sich bringen. Umgekehrt sind zentrale Änderungen im Netz häufig Teil der Maßnahmen, die mit Verkehrsplanungsmodellen untersucht werden sollen. Es ist daher meist zielführend, die Modelle mit verschiedenen Annahmen zum Netz durchzurechnen. Gerade in Schrumpfungsregionen kann zumindest im Individualverkehr auch mit dem heutigen Netz gearbeitet werden, da hier kaum größere Infrastrukturprojekte zu erwarten sind. Im Öffentlichen Verkehr kann es jedoch gerade auf dem Land aus demographischen Gründen zu erheblichen Einschränkungen im Angebot kommen. In jedem Falle müssen zum Netz geeignete Annahmen getroffen werden, um die verbleibenden drei Stufen modellieren zu können.

6.6.1 Zielwahl

Bei der Modellierung der Zielwahl kommen häufig Gelegenheitsmodelle zum Einsatz, welche angelehnt sind an Newtons Gravitationsgesetze der Physik. Ortuzar und Willumsen (2005) nennen beispielsweise das Modell:

$$T_{ij} = \alpha O_i D_j f(c_{ij}) \tag{6.3}$$

Mit:
- T — Anzahl Wege
- i — Startzelle
- j — Zielzelle
- O — Summe Quellverkehr
- D — Summe Zielverkehr
- $f(c_{ij})$ — Widerstandsfunktion

Die Zahl der Wege T von i nach j ist somit eine Funktion aus den Quellverkehren aus i, den Zielverkehren nach j und einer Widerstandsfunktion zwischen i und j. Die Widerstandsfunktion kann verschiedene Formen annehmen, Ortuzar und Willumsen nennen als ein Beispiel eine Kombination aus polynomialer und exponentieller Funktion:

$$f(c_{ij}) = c_{ij}^{n} * e^{-\beta c_{ij}} \tag{6.4}$$

Mit:
- $f(c_{ij})$ — Widerstandsfunktion
- i — Startzelle
- j — Zielzelle
- n, β — Zu schätzende Kalibrierungsparameter

Für diese Widerstandsfunktion müssten die zwei Parameter n und β geschätzt werden – diese drücken aus, wie sehr Reisende gewillt sind, zur Erledigung ihrer Aktivitäten auch weiter entfernte Ziele anzusteuern. Diese Parameter können sich offensichtlich erheblich unterscheiden, abhängig von Personenklasse und Wegzweck. Aufgrund fehlender Geocodierungen des Mobilitätspanels und der meisten KONTIVs kann die Entwicklung dieser Parameter nicht direkt geschätzt werden. Ermittelt werden kann jedoch eine empirische Verteilung der durchschnittlichen Weglängen nach Zweck in verschiedenen Jahren. Anhand dieser Verteilung können nun mit dem bekannten APC-Modell als y_{ij} die durchschnittlichen Weglängen nach Zweck für eine Person mit Alter i und Geburtskohorte j-i geschätzt werden:

$$y_{ij,Zweck} = \beta_0 + \sum a_i * Alter_i + \sum p_j * Periode_j + \sum k_{j-i} * Kohorte_{j-i} + \varepsilon_{ij} \tag{6.5}$$

Damit wiederum können ähnlich wie die Wegehäufigkeiten die Wegelängen nach Zweck in die Zukunft extrapoliert werden. Mit diesem Wissen wiederum kann versucht werden, die oben genannten Zielwahlparameter zu kalibrieren.

6.6.2 Verkehrsmittelwahl

In der Literatur gibt es eine Vielzahl teils sehr komplexer Verkehrsmittelwahlmodelle, die bekanntesten davon sind Logit, Nested Logit, Mixed Logit und Probit-Modelle. Das einfache Logit-Modell wurde in Abschnitt 5.2 vorgestellt, die übrigen Modelle sowie verschiedene Erweiterungen diskutieren Train (2003) und Walker (2001). Gemeinsam haben diese Modelle eine Regressions- beziehungsweise Nutzenfunktion, in denen gewichtet nach Parametern verschiedene Einflussgrößen miteinander verknüpft sind. Gängige Variablen sind hier Reisezeit, Reisekosten, Zugangszeit zu den Verkehrsmitteln sowie verschiedene weitere Kenngrößen zur Beschreibung der Person, des Reisekontexts oder des Verkehrssystems. Der vielleicht einfachste Ansatz verknüpft Reisezeit und Kosten, um den Nutzen U eines Verkehrsmittels j für eine Person i zu bestimmen, hinzu kommt ein Störterm ε:

$$U_{ij} = \alpha_j + \beta * Reisezeit_{ij} + \gamma * Kosten_{ij} + \varepsilon_{ij} \tag{6.6}$$

Mit:

U	Nutzen
i	Person
j	Verkehrsmittel
α	Konstante
β, γ	Modellparameter
ε	Störterm

Wieder scheidet eine Analyse dieser Parameter im Längsschnitt aus aufgrund der fehlenden Geocodierung in KONTIVs und Mobilitätspanel. Darüber hinaus gibt es zwar zahlreiche Publikationen zur Frage, wie Verkehrsmittelwahlmodelle aufgebaut und verbessert werden könnten, sorgfältig dokumentierte Anwendungen auf existierenden Datensätzen und Veröffentlichungen der ermittelten Parameter sind jedoch selten.

Die Ergebnisse aus Kapitel 5 suggerieren, dass auch bei der Verkehrsmittelwahl und besonders bei den verkehrsmittelspezifischen Konstanten eine Kluft durch die Gesellschaft verläuft, die etwa bei der Kohorte 1940 liegt, also zwischen jenen Generationen, die noch zu erheblichen Teil ohne Pkw sozialisiert wurden, und jenen Generationen, für welche der Pkw omnipräsent wurde. Daher könnten auf heutigen Daten getrennte Modelle für diese zwei Generationen geschätzt werden und für eine Prognose bis 2025 entsprechend weitgehend die Parameter ab 1940 verwendet werden.

Diese Lösung ist sicherlich nicht ganz befriedigend, würde aber immerhin einen gewissen Teil der zugrundeliegenden Kohorteneffekte abdecken. Zusätzlich oder alternativ könnten getrennte Wahlmodelle für Personen mit und ohne Pkw geschätzt werden, damit wäre zumindest die veränderte Verteilung der Captive Riders in der zukünftigen Verkehrsmittelwahl adressiert.

Denkbar wäre außerdem, den Anteil multimodaler Verkehrsteilnehmer mit einem APC-Modell zu extrapolieren und getrennt für multi- und monomodale Personen Verkehrsmittelwahlmodelle zu schätzen. Gerade für den Öffentlichen Verkehr verlieren in Zukunft die Zwangskunden zunehmend an Bedeutung, neue Kundengruppen können dagegen unter den Multimodalen erschlossen werden, also den wahlfreien Kunden, welche verschiedene Verkehrsmittel auf vergleichbaren Wegen nutzen. Hier haben bereits mehrere Untersuchungen stattgefunden (Hivert et al. 2008; Kuhnimhof 2007; Kuhnimhof et al. 2007). Es verbleibt jedoch Forschungsbedarf, wie diese Erkenntnisse in die Verkehrsmittelwahlmodellierung integriert werden können.

6.6.3 Routenwahl / Umlegung

Während Gelegenheitsmodelle bei der Zielwahl und diskrete Wahlmodelle bei der Verkehrsmittelwahl in der Praxis vorherrschen, existiert bei der Routenwahl ein stärkeres Nebeneinander recht unterschiedlicher Ansätze. Im Zentrum steht dabei zumindest für den Pkw-Verkehr oft eine Capacity-Restraint-Funktion, welche den Zusammenhang von Belastung eines Netzelementes (meist einer Kante) und der Reisezeit ausdrückt. Für diese Funktionen gibt es wiederum die verschiedensten Formen, fast alle davon haben jedoch gemein, dass sie nicht zwischen einzelnen Fahrzeugen unterscheiden, also gleiches Verhalten in allen Altersklassen und Kohorten postulieren. Die Nachfrageseite der Routenwahl würde nach diesen Annahmen in Zukunft also vergleichbar wie heute modelliert werden können.

7 Fazit und Ausblick

7.1 Fazit

Der demographische Wandel wird sich massiv auf unsere Gesellschaft auswirken, davon bleibt auch die Verkehrsplanung nicht unberührt. Viele dieser Wirkungen sind problematisch, häufig wird hier beispielsweise die schwierige Situation des Öffentlichen Nahverkehrs in der Fläche genannt. Der Wandel hat jedoch auch einen Vorteil: Eine alternde Gesellschaft ist nicht sonderlich volatil, dies verbessert die Prognosegüte. Hilfreich ist hierbei, wenn man versteht, wie Menschen im Lebenslauf ihr Mobilitätsverhalten ändern. Von diesem Wissen können Vorhersagen profitieren, weil die Bevölkerung der nächsten Jahrzehnte zu erheblichen Teilen aus gealterten Personen der gegenwärtigen Bevölkerung besteht. Erforderlich für dieses Prozessverständnis sind Längsschnittdaten.

Eine bedeutende Kluft zwischen den Generationen kann heute in etwa beim Geburtsjahrgang 1940 festgestellt werden: Die Generationen danach scheinen mobiler zu sein als die Generationen davor. Zeitlich passt diese Kluft recht gut zu den gesellschaftlichen Veränderungen der 68-er Generation: Interessanterweise lässt sich ein erheblicher Teil dieser Kohorteneffekte in der Verkehrsnachfrage bereits erklären, wenn man als zusätzliche erklärende Variable den Pkw-Führerschein ins Modell integriert: Personen mit Führerschein aus den Kriegs- und Vorkriegsgenerationen haben sich bereits ähnlich verhalten wie die Nachkriegsgenerationen.

Es sind größere Verschiebungen in der Nachfrage zu erwarten, wenn die wenigmobilen Generationen aussterben und die mobileren Generationen alt werden. Zukünftige Verkehrsplanungsmodelle müssen diese Effekte berücksichtigen, sie sollten daher soweit wie möglich quantifiziert werden. Hierzu wurden zwei Ansätze vorgestellt: Mobilitätsbiographien und Alters- Kohortenmodelle.

Mobilitätsbiographien liefern interessante Erkenntnisse zur Entwicklung der Verkehrsnachfrage im Längsschnitt eines Menschenlebens. Die Verkehrsnachfrage unterscheidet sich in verschiedenen Lebensabschnitten teilweise erheblich, ebenso können wichtige Unterschiede zwischen Männern und Frauen festgestellt werden, diese betreffen insbesondere den Einfluss der Familie auf das Mobilitätsverhalten. Änderungen in der Lebenssituation können unmittelbar wirken, sie können jedoch auch vorgelagerte und nachgelagerte Einflüsse ausüben – dies gilt beispielsweise für den Renteneintritt.

Zur Mikromodellierung haben Mobilitätsbiographien allerdings mehrere Nachteile: Erstens werden Paneldaten benötigt, die einen möglichst langen Teilnahmezeitraum abdecken. Zweitens unterliegen häufig gerade die kritischen Lebensereignisse, die modelliert werden sollen, einer erheblichen Selektivität. Drittens erfordern Fortschreibungen mikroskopischer Populationen einen erheblichen Rechenaufwand. Und schließlich müssen zahlreiche exogene Entwicklungen in die Mobilitätsbiographien integriert werden, da es problematisch erscheint, die Biographien alleine an heutigem Verhalten zu kalibrieren.

Daher wurde hier ein pragmatischerer Ansatz basierend auf Alters-Kohortenmodellen vorgestellt – dieser kann auch mit sogenannten Pseudo-Panels arbeiten, es können also auch mehrere Querschnitte zusammen gesetzt werden. Mit den KONTIVs in Verbindung mit dem Mobilitätspanel stehen hier die Daten für einen hinreichend langen Zeitraum bereits zur Verfügung, wenngleich erhebliche Datenanpassungen nötig sind, damit diese Erhebungen miteinander vergleichbar sind. Mit dem vorgestellten Accept / Reject – Verfahren konnten mikroskopische und makroskopische Elemente zusammengeführt werden, um die Verkehrsentstehung im Jahr 2025 zu modellieren. Wenig überraschend kann dabei ein deutlicher Unterschied in Abhängigkeit des betrachteten Raumtyps konstatiert werden. Gerade in Schrumpfungsregionen auf dem Land droht ein massiver Rückgang potenzieller ÖV-Kunden, jedoch scheint sich die Auslastung gleichmäßiger über den Tag zu verteilen.

Es wurde ferner diskutiert, wie weitere Stufen des 4-Stufen-Algorithmus für die Zukunft angepasst werden können. Die resultierenden Modelle können keineswegs ein präzises Bild der Zukunft zeichnen, sie können jedoch bestehende Modelle für die Anwendung in der Zukunft präzisieren.

7.2 Weiterer Forschungsbedarf

Wenngleich die Datenlage für Verkehrsplaner in Deutschland im internationalen Kontext durchaus gut ist, bestehen gleichwohl noch verschiedene Lücken: Bisher wissen wir wenig über die Mobilität der Gesamtheit der Rentnergeneration, die vorliegenden Stichproben sind deutlich selektiv – dies zeigt sich beispielsweise gut daran, dass die wenigen Hochbetagten Befragungsteilnehmer gelegentlich mobiler sind als jüngere Altersgruppen. Außerdem fehlen bisher Längsschnittinformationen, wie sich das Mobilitätsverhalten über den gesamten Zeitraum der Rente erstreckt.

Notwendig ist hier wohl eine eigenständige Erhebung, in welcher gezielt auch die Nicht- und Wenigmobilen rekrutiert werden müssen. Hier gibt es verschiedenste Probleme, beispielsweise die Erhebung Demenzkranker, die nur mit Proxy-Interviews möglich ist. Leider ist schwer vorstellbar, dass ohnehin überlastete und häufig unterbezahlte Pflegekräfte auch noch die Geduld aufbringen, für ihre Patienten Wegetagebücher oder Befragungsunterlagen auszufüllen – hier müsste ein ausreichender finanzieller Anreiz geschaffen werden. Gezielt gefragt werden sollte dabei auch nach dem Zusammenhang zwischen Gesundheitszustand und Nichtmobilität. Bereits Querschnittsdaten würden hier eine wichtige Lücke schließen, noch wünschenswerter wäre allerdings ein Panel, um Verhaltensänderungen besser zu verstehen. Eine derartige Erhebung ist aufgrund des hohen Aufwandes momentan nicht zu erwarten, würde jedoch erheblich zur Verbesserung der Modellierung beitragen.

Ebenso bestehen gravierende Lücken sowohl in Datenerhebung, als auch im Verständnis der Mobilität von Migranten und Personen mit Migrationshintergrund. Hier steckt die Forschung noch in den Kinderschuhen, alleine aus demographischen Gründen sollte diesem Thema aber in den kommenden Jahren deutlich mehr Aufmerksamkeit geschenkt werden. Falls das angesprochene Healthy Migrant Paradoxon eine Rolle spielt (siehe hierzu Seite 102), sollte auch dieses bei der Modellierung der Verkehrsnachfrage von Rentnern berücksichtigt werden.

Noch recht vage sind außerdem Aussagen über Verhaltensprägungen: Gibt es Ereignisse, beispielsweise in der Kindheit, welche mit gewisser Wahrscheinlichkeit das Mobilitätsverhalten im späteren Leben beeinflussen? Wie ist die Verkehrsnachfrage in verschiedenen Lebensabschnitten korreliert, und was ist hier die Kausalität? Diese Fragen sind selbst mit Paneldaten kaum zu beantworten, nötig wäre hier eine retrospektive Befragung. Denkbar und wohl auch sehr zielführend wäre die Verknüpfung einer Retrospektivbefragung mit einer ohnehin bestehenden Tagebucherhebung wie dem Mobilitätspanel oder der MiD: Zusätzlich zu den Tagebüchern könnten weitere Fragen zur Vergangenheit ergänzt werden. Ein derartiger Ansatz ist beispielsweise bei der französischen Verkehrserhebung zum Einsatz gekommen (Papon et al. 2007). Im Falle einer Panelerhebung sollte diese Retrospektivbefragung allerdings erst im letzten Teilnahmejahr angefügt werden, um zusätzliche Selektivität zu vermeiden.

Die vorliegende Arbeit beschränkt sich auf den Personenverkehr und konzentriert sich hier auf die Alltagsmobilität. Gerade hier sind in den kommenden Jahrzehnten aufgrund der demographischen Entwicklung Stagnation oder gar Rückgang zu erwarten. Das Netz teilt dieses Mobilitätssegment gleichwohl mit dem Fern- und dem Güterverkehr, hier kann in den nächsten Jahren durchaus noch Wachstum stattfinden. Eine Modellierung der Netzbelastung ist also von dieser Seite auf zuverlässige Ergebnisse angewiesen.

Periodeneffekte und verkehrsexogene Effekte wurden in dieser Arbeit weitgehend ausgeklammert, sie stellen ohne Frage ein wichtiges und sehr weites Forschungsfeld dar. Zu nennen sind hier etwa die Entwicklung der Rohstoffpreise, der Emissionen und der Weltmärkte in einer globalisierenden Wirtschaft, in der Schwellenländer wie Indien und China mehr vom Kuchen abbekommen wollen, der bisher mehrheitlich unter den OECD-Staaten aufgeteilt wurde. Weitere zentrale Fragen beschäftigen sich mit der Entwicklung der Wohlstandsverteilung, des Arbeitsmarktes und mit gesellschaftlichen Trends innerhalb Deutschlands. Gravierende Verschiebungen in Wirtschaft und Gesellschaft könnten auch dazu führen, dass sich die Sozialisationsbedingungen künftiger Generationen so weit von heutigen unterscheiden, dass sie ein signifikant anderes Mobilitätsverhalten zeigen.

7.3 Ausblick

In den vergangenen Jahren wurden in Deutschland mehrere Entwicklungen angestoßen, die in Zukunft noch weiter an Dynamik aufnehmen können. Das Elterngeld, bessere Kinderbetreuung und ein Wandel in den Rollenvorstellungen können dazu führen, dass sich das Mobilitätsverhalten von Männern und Frauen weiter angleicht. Studiengebühren und ein dauerhaft schwieriger Arbeitsmarkt für Berufseinsteiger könnten die Führerscheinzahlen und die Mobilität junger Menschen drücken.

Es wurde gezeigt, dass der limitierende Faktor bei der Pkw-Verfügbarkeit heute meist der Führerschein ist, wer über diesen verfügt, nutzt in der Regel auch ein Auto. Die häufig weitgehend lückenlosen Erwerbsbiographien gegenwärtiger Rentner in Verbindung mit einem noch recht hohen Niveau an staatlichen Transferzahlungen aus der umlagefinanzierten Rente sichern dazu meist die nötigen finanziellen Mittel.

Die meisten Rentner der Zukunft werden dagegen zwar über den Führerschein verfügen, jedoch wird sich ein erheblicher Teil möglicherweise nicht mehr Pkw, Treibstoff und Unterhaltskosten leisten können. Dies gilt insbesondere für die Rentner, die bei zurückgehenden staatlichen Transferzahlungen nicht rechtzeitig privat fürs Alter vorsorgen wollten oder konnten. Pkw-Verfügbarkeit wird somit in Zukunft eine stärkere ökonomische Komponente aufweisen.

In Abschnitt 6.1 wurde bereits angesprochen, dass auch gute Vorhersagemodelle in Schwierigkeiten geraten, wenn unerwartete Ereignisse mit großer Wirkung die Welt überschatten. Ein erheblicher Teil der vorliegenden Arbeit wurde verfasst während einer Entwicklung, die sich zuerst Immobilien- oder Subprime-Krise nannte, später Banken-, Wirtschafts- sowie Euro-Krise, und die mit zunehmenden Namenswechseln immer bedrohlicher erschien. Es ist momentan noch nicht absehbar, wie sich diese Krise weiter entwickelt. Selbst bei günstigem Verlauf wird sie eine deutlich höhere Staatsverschuldung und damit weitere Probleme zurücklassen.

Zumindest die Vehemenz der Subprime-Krise hat auch die meisten Experten überrascht. Zahlreiche ökonomische Vorhersagen sind damit Makulatur geworden – dies gilt im besonderen Maße für Prognosen, die optimistisch von wirtschaftlichem Wachstum ausgegangen sind. Damit verbunden ist ein erheblicher Vertrauensverlust der Bürgerinnen und Bürger gegenüber Projektionen in die Zukunft. Gleichwohl stehen wir vor großen Herausforderungen: Steigende Staatsverschuldung, Klimawandel und knapper werdende Ressourcen machen eine zukunftsgerichtete und langfristige Verkehrsplanung und –politik nötiger denn je.

Noch lautet ein populäres Wort der Krise „Rettungsschirm", dieser Schirm soll anscheinend das Bestehende möglichst lange schützen. Gerade Krisen bieten jedoch die Gelegenheit, Bestehendes in Frage zu stellen, Paradigmen zu überdenken und Neues zu wagen. Wenn auch Verkehrspolitik, Infrastrukturbau und –erhalt den Rettungsschirm eintauschen wollen gegen einen Wanderstock in die Zukunft, so helfen Verkehrsplanungsmodelle in einer Welt des Wandels vor allem dann, wenn sie Verhaltensänderungen heute und in der Zukunft abbilden können.

8 Literaturverzeichnis

acatech (2006): Mobilität 2020 - Perspektiven für den Verkehr von morgen. Fraunhofer IRB Verlag. Stuttgart.

Adolph, J. (2006): Recherche zu Webseiten als Quelle für Mobilitätsbiographien. ZTG TU Berlin. www.mobilitaetsbiographien.de/zwischenergebnisse.html, 8.7.2009.

Ahrens, G.-A., J. Hellenschmidt, F. Ließke, und R. Wittwer (2007): Wenn zwei das Gleiche tun, erheben sie noch lange nicht dasselbe. Internationales Verkehrswesen, 59 (6) , S. 270-274.

Ajzen, I. (1991): The theory of planned behavoir. Some unresolved issues. Organizational Behaviour and Human Decision Processes, 1991 (50) , S. 179-211.

Arnold, D. und K. Furmans (2007): Materialfluss in Logistiksystemen. Springer. Berlin, Heidelberg.

Bamberg, S. und P. Schmidt (1993): Verkehrmittelwahl - eine Anwendung der Theorie des geplanten Verhaltens. Zeitschrift für Sozialpsychologie, 24 (1993) , S. 25-37.

Ben-Akiva, M. und S. R. Lerman (1985): Discrete Choice Analysis Theorie and Application to Travel Demand. MIT Press. Cambrige, London.

Bertelsmann Stiftung (2008): Bevölkerungsvorausberechnung 2025. Bertelsmann Stiftung. www.wegweiser-kommune.de, 9.7.2009.

Bierschenk, H., R. Merckens, M. Pfeiffle, W. Vogt, und D. Zumkeller (1988): Verkehrsnachfrage nach der Jahrtausendwende. Internationales Verkehrswesen, 1988 (1) , S. 9-18.

Blumenberg, E. und L. Song (2008): Travel Behavior of Immigrants in California: Trends and Policy Implications. Transportation Research Board 87th Annual Meeting. Washington.

Bol, G. (1998): Wahrscheinlichkeitstheorie. R. Oldenbourg Verlag. München, Wien.

Bol, G. (1999): Induktive Statistik. R. Oldenbourg Verlag. München, Wien.

Bol, G. (1995): Deskriptive Statistik. R. Oldenbourg Verlag. München, Wien.

Bucher, H., C. Schlömer, M. Waltersbacher, und et al. (2006): Raumordnungsprognose 2020/2050. In: Bundesamt für Bauwesen und Raumordnung (BBR). Bundesamt für Bauwesen und Raumordnung, Bonn.

Burghout, W. (2004): Hybrid microscopic-mesoscopic traffic simulation. Royal Institute of Technology, Stockholm.

Carpenter, A. L. (2006): Simple Tests of Hypotheses for the Non-statistician: What They Are and Why They Can Go Bad. SUGI 31, San Francisco.

Chlond, B., K. Beckmann, F. Huber, und C. Sommer (2006): Verkehrliche Konsequenzen des demographischen Wandels. Straßenverkehrstechnik, 2006 (10) , S. 602-607.

Chlond, B., M. Kagerbauer, P. Ottmann, und Zumkeller D. (2009): Mobilitätspanel: Pkw-Fahrleistungen und Treibstoffverbrauch im Vergleich. Internationales Verkehrswesen, 61 (3) , S. 71-75.

Chlond, B., J. Last, W. Manz, und D. Zumkeller (2004): Eckwerte des Personenfernverkehrs in Deutschland. Internationales Verkehrswesen, 56 (10) , S. 430-435.

Chlond, B., H. Mühlhans, und D. Zumkeller (2008): Abschätzung der zukünftigen Entwicklung von Verkehr und Mobilität in der Region Frankfurt Rhein-Main bis zum Jahr 2030 – Methodisches Konzept und ausgewählte Ergebnisse. Heureka, Stuttgart.

Chlond, B. und P. Ottmann (2007): Das Mobilitätsverhalten Alleinerziehender und ihre Aktivitäten außer Haus. Deutsche Zeitschrift für Kommunalwissenschaft, 2007 (II) , S. 49-61.

Dargay, J., J.-L. Madre, und A. Berri (2000): Car Ownership Dynamics Seen Through the Follow-Up of Cohorts. Transportation Research Record, 1733 .

Dargay, J. und C. Vythoulkas (1999): Estimation of a Dynamic Car Ownership Model. Journal of Transport Economics and Policy, 33 (3) , S. 287-302.

Deaton, A. (1985): Panel Data from Time Series of Cross-Sections. Journal of Econometrics, 30 , S. 109-126.

Diekmann, A. (2006): Empirische Sozialforschung. Grundlagen, Methoden, Anwendungen. Rowohlt Taschenbuch Verlag. Reinbek bei Hamburg.

DIW (2007): Verkehr in Zahlen 2007/2008. DVV Media Group GmbH. Hamburg.

DIW (2008): 25 Wellen Sozio-oekonomisches Panel. Vierteljahrshefte zur Wirtschaftsforschung, 77 (3), S. Duncker & Humblot.

Douglass, L. und S. Douglass (2004): "Data: Getting to know you; Getting to know all about you". SUGI 29, Montreal.

dpa/mcs (2008): Statistik lässt Bevölkerung schrumpfen. Süddeutsche Zeitung. 22.07.2008.

Engelhard, K., R. Follmer, J. Hellenschmidt, J. Kloas, H. Kuhfeld, U. Kunert, und M. Smid (2002a): Mobilität in Deutschland. Internationales Verkehrswesen, 54 (5) , S. 206-209.

Engelhard, K., R. Follmer, J. Hellenschmidt, J. Kloas, U. Kunert, und M. Smid (2002b): Mobilität in Deutschland. Internationales Verkehrswesen, 54 (4) , S. 140-144.

FGSV (1996): Richtlinien für die Anlage von Straßen. Teil: Querschnitte. Forschungsgesellschaft für Straßenbau- und Verkehrswesen, Arbeitsgruppe "Straßenentwurf".

FGSV (2001): Handbuch für die Bemessung von Straßenverkehrsanlagen. Forschungsgesellschaft für Straßen- und Verkehrswesen. Köln.

Flade, A. und M. Limbourg (1997): Das Hineinwachsen in die motorisierte Gesellschaft. Institut Wohnen und Umwelt. Darmstadt.

Föbker, S., U. Käser, B. Kasper, U. Lubecki, G. Ramatschi, K. Rein, A. Ruhm, J. Scheiner, M. Schreiber, und A. Schüttemeyer (2003): Freizeitmobilität älterer Menschen. Internationales Verkehrswesen, 55 (11) , S. 557-559.

Gather, M., A. Kagermeier, und M. Lanzendorf (2008): Geographische Mobilitäts- und Verkehrsforschung. Gebr. Borntraeger Verlagsbuchhandlung. Berlin, Stuttgart.

Gatzweiler, H. P. (1978): Zum Problem der Indikatorenauswahl. Informationen zur Raumentwicklung, (8/9) , S. 695-703.

Genz, M., R. Loos, und B. Behrensdorf (2008): Bevölkerungsvorausberechnung 2025 - Methodische Erläuterungen. Bertelsmann Stiftung.

Gresser, K., B. Kollberg, W. Konanz, S. Kotzagirgis, H.-U. Mann, H. Platz, R. Ratzenberger, W. Schneider, M. Schubert, und P. Tabor (2001): Verkehrsprognose 2015. Internationales Verkehrswesen, 12 (2001) , S. 585-591.

Gringmuth, C. (2006): Einfluss von Budgetrestriktionen auf Wochenpläne von Verkehrsteilnehmern. Karlsruher Beiträge zur wirtschaftspolitischen Forschung, 22 . Fakultät für Wirtschaftswissenschaften, Karlsruhe.

Häder, M. (2002): Delphi-Befragungen. Westdeutscher Verlag. Wiesbaden.

Häder, M. und S. Häder (2000): Die Delphi-Technik in den Sozialwissenschaften. Westdeutscher Verlag. Wiesbaden.

Hammerl, M. und H.-J. Grabitz (2006): Lernen: Definitionen, methodische Ansätze, Theorien des Lernens. Handbuch der Allgemeinen Psychologie - Kognition: BD 5. S. 203-212. Hogrefe.

Hartung, J. (2005): Statistik : Lehr- und Handbuch der angewandten Statistik. Oldenbourg. München, Wien.

Hartung, J. (2007): Multivariate Statistik. Oldenbourg. München, Wien.

Heine, H. und R. Mautz (2000): Möglichkeiten und Grenzen des Autoverzichts. Soziologisches Forschungsinstitut, Göttingen.

Hirtz, G. (2006): Einfluss biographischer Ereignisse auf das Mobilitätsverhalten. Diplomarbeit am Institut für Verkehrswesen, Universität Karlsruhe.

Hivert, L. (2006): L' Automobile en Europe: Changements de comportements d'équipement et d'usage. Convention ADEME-INRETS Nr. 105-C0322 .

Hivert, L., P. Ottmann, J.-L. Madre, Z. Krakutovski, B. Chlond, und Zumkeller D. (2008): Multimodalité et tendances démographiques: les changements démographiques et leurs impacts sur l'utilisation des modes. Convention ADEME-INRETS n° J06-16 – 05 03 C0041 . Inrets, Paris.

Holz-Rau, C. und J. Scheiner (2004): Verkehrsplanung und Mobilität im Kontext der demographischen Entwicklung. Straßenverkehrstechnik, 2004 (7) , S. 341-348.

Holz-Rau, C. und J. Scheiner (2006): Die KONTIVs im Zeitvergleich. Internationales Verkehrswesen, 58 (11) , S. 519-525.

Höpflinger, F. (2008): Alter, Kohorte und Periode - Grundsätze und Problematik einer Kohortenanalyse. Soziologisches Institut der Universität Zürich.

Hörmann, C. (2007): Die Delphi-Methode in der Studiengangentwicklung. Dissertation an der Pädagogischen Hochschule, Weingarten.

Hunsicker, F. und C. Sommer (2008): Welche Zukunft darf's denn sein? Internationales Verkehrswesen, 60 (9) , S. 334-337.

Ifmo (2008): Mobilität 2025 - Der Einfluss von Einkommen, Mobilitätskosten und Demographie. Berlin.

Johänning, K., S. Tscharaktschiew, C. Walther, V. Waßmuth, und T. Wieczorek (2007): Verbesserung der Methoden zur Prognose der Kfz-Bemessungsverkehrsstärken. BASt FE-Nr. 01.166/2005/DGB . PTV AG,

Jones, P. M., M. C. Dix, M. I. Clarke, und I. G. Heggie (1983): Understanding travel behavior. Gower. Aldershot, UK.

Just, T. (2003): Demographie lässt Immobilien wackeln. Deutsche Bank Research. Frankfurt.

Kasper, B., U. Reutter, und S. Schubert (2007): Verkehrsverhalten von Migrantinnen und Migranten - eine Gleichung mit vielen Unbekannten. Deutsche Zeitschrift für Kommunalwissenschaften, 2007 (II) , S. 62-77.

Khisty, C. J. und B. K. Lall (2002): Transportation Engineering: An Introduction. Addison Wesley Pub Co Inc.

Kish, L. (1987): Statistical Design for Research. JOHN WILEY & SONS,Inc. New York, Chichester, Brisbane, Toronto, Singapore.

Kitamura, R. (2000): Longitudinal Methods. In: Hensher, D. und K. Button. Handbook of Transport Modelling. S. 113-129. Elsevier Science. Amsterdam, Lausanne, New York, Oxford, Shannon, Singapore, Tokyo.

Kloas, J. und U. Kunert (1993): Vergleichende Auswertungen von Haushaltsbefragungen zum Personenverkehr. DIW. Berlin.

Kloas, J. und U. Kunert (1994a): Über die Schwierigkeit, Verkehrsverhalten zu messen. Die drei KONTIV-Erhebungen im Vergleich - Teil I. Verkehr und Technik, 1994 (3) , S. 91-100.

Kloas, J. und U. Kunert (1994b): Über die Schwierigkeiten Verkehrsverhalten zu messen. Die drei KONTIV-Erhebungen im Vergleich - Teil 2. Verkehr und Technik, 1994 (5) , S. 187-197.

Klöpper, V. und A. Weber (2007): Generationsübergreifende Mobilitätsbiographien. Diplomarbeit an der Fakultät Raumplanung, Universität Dortmund.

Koch, R. und I. Schmalenbach (1978): Das Subsystem "Bevölkerung" in der Laufenden Raumbeobachtung. Informationen zur Raumentwicklung, (8/9) , S. 645-658.

Kröhnert, S., N. Van Olst, und R. Klingholz (2005): Deutschland 2020 - Die demografische Zukunft der Nation. Institut für Bevölkerung und Entwicklung. Berlin.

Kuhnimhof, T., B. Chlond, und D. Zumkeller (2006): Nonresponse, Selectivity, and Data Quality in Travel Surveys. Transportation Research Record, 1972 , S. 29-37.

Kuhnimhof, T. (2007): Längsschnittmodellierung der Verkehrsnachfrage zur Abbildung multimodalen Verhaltens. Schriftenreihe des Instituts für Verkehrswesen der Universität Karlsruhe, 66/07 . Institut für Verkehrswesen, Karlsruhe.

Kuhnimhof, T., B. Chlond, und S. von der Ruhren (2007): The Users of Transport Modes And Multimodal Travel Behavior – Steps Towards Understanding Travelers' Options and Choices. 85th Annual Meeting of the Transportation Research Board, Washington D.C.

Kunert, U. und R. Follmer (2003): Mobility in Germany 2002. Moving through nets: The physical and social dimensions of travel. 10th International Conference on Travel Behaviour Research, Luzern.

Kunert, U., S. Hradil, und W. Hell (2008): Stellungnahme zum Artikel von Frank Hunsicker und Carsten Sommer. Internationales Verkehrswesen, 60 (12) , S. 520.

Kutter, E. (1973): A Model for Individual Travel Behaviour. Urban Studies, 10 (2) , S. 235-258.

Kutter, E. (2003): Modellierung für die Verkehrsplanung. Theoretische, empirische und planungspraktische Rahmenbedingungen. ECTL, Technische Universitiät Hamburg-Harburg.

Kutter, E. (1972): Demographische Determinanten städtischen Personenverkehrs. Institut für Stadtbauwesen. Braunschweig.

Lanzendorf, M. (2003): Mobility Biographies: A new perspective for understanding travel behaviour. 10th International Conference on Travel Behaviour Research, Luzern.

Last, J., W. Manz, und D. Zumkeller (2003): Heterogenität im Fernverkehr: Wie wenige reisen wie viel? Internationales Verkehrswesen, 55 (6) , S. 267-273.

Lavery, R. (2004): An Animated Guide: The Logic of Hypothesis Testing and One Way ANOVA. SUGI 29, Montreal.

Leutzbach, W. (2000): Das Problem mit der Zukunft. Alba Fachverlag. Düsseldorf.

Manz, W. (2005): Mikroskopische längsschnittorientierte Abbildung des Personenfernverkehrs. Schriftenreihe des Instituts für Verkehrswesen der Universität Karlsruhe, 62/05 . Institut für Verkehrswesen, Karlsruhe.

Maretzke, S. (2008): Städte im demografischen Wandel. Materialien zur Bevölkerungswissenschaft, 125 . Bundesinstitut für Bevölkerungsforschung, Wiesbaden.

McKinsey & Company (2009): Deutschland 2020: Zukunftsperspektiven für die deutsche Wirtschaft. McKinsey & Company. Frankfurt.

McNally, M. G. (2000): The four step model. In: Hensher, D. und K. Button. Handbook of transport modelling. S. 35-52. Elsevier Science. Amsterdam, Lausanne, New York, Oxford, Shannon, Singapore, Tokyo.

Mienert, M. (2003a): Entwicklungsaufgabe Automobilität - Teil 1. Zeitschrift für Verkehrssicherheit, 49 (Nr. 1) , S. 26-48.

Mienert, M. (2003b): Entwicklungsaufgabe Automobilität - Teil 2. Zeitschrift für Verkehrssicherheit, 49 (Nr. 2) , S. 75-99.

Mienert, M. (2003c): Entwicklungsaufgabe Automobilität - Teil 3. Zeitschrift für Verkehrssicherheit, 49 (Nr. 3) , S. 127-139.

Mienert, M. (2003d): Entwicklungsaufgabe Automobilität - Teil 4. Zeitschrift für Verkehrssicherheit, 49 (Nr. 4) , S. 155-161.

Moeckel, R. (2007): Business Location Decisions and Urban Sprawl. TU Dortmund. Dortmund.

Myers, J. und G. Mullet (2002): Managerial applications of multivariate analysis in marketing. American Marketing Association. Chicago.

Ortuzar, J. d. D. und L. G. Willumsen (1990): Modelleing Transport. John Wiley Sons. Chichster, New Xork, Brisbane, Toronto, Singapore.

Ortuzar, J. D. und L. G. Willumsen (2005): Modelling Transport. John Wiley and Sons. New York.

Ottmann, P. (2007): Mobilitätsbiographien: Wie ändert sich die Verkehrsnachfrage im Leben eines Menschen? Mobilogisch, 2007 (2) , S. 37-40.

Ottmann, P. (2003): Ansätze zur Modellierung von Wahlentscheidungen im Fernverkehr. Diplomarbeit am Institut für Verkehrswesen, Karlsruhe.

Papon, F., P. Hubert, und J. Armoogum (2007): Biography and primary utility of travel: New issues in the measurement of social contexts in the next French National Travel Survey. WCTR, Berkeley.

Prillwitz, J. (2008): Der Einfluss von Schlüsselereignissen im Lebenslauf auf das Verkehrshandeln unter besonderer Berücksichtigung von Wohnumzügen. Helmholtz-Zentrum für Umweltforschung, Leipzig.

Prillwitz, J., S. Harms, und M. Lanzendorf (2005): Residential relocations and travel behaviour: An interaction analysis. 8th Nectar Conference, Las Palmas.

Razum, O. (2006): Migration, Mortalitat und der Healthy-migrant-Effekt. VS Verlag für Sozialwissenschaften.

Richardson, A. J., E. S. Ampt, und A. H. Meyburg (1995): Survey Methodes for Transport Planning. Eucalyptus Press. Melbourne.

Robertson, C. und P. Boyle (1998): Age-Periode-Cohort Analysis of Chronic Disease Rates. I: Modeling Approach. Statistics in Medicine, 17 , S. 1305-1323.

Salomon, I. (1983): Life styles - a broader perspective on travel behaviour. In: Carpenter, S. und P. Jones. Recent Advances in Travel Demand Analysis. Gower House. Aldershot.

Scheele, B. (2006): Beobachtungslernen. Handbuch der Allgemeinen Psychologie - Kognition: BD 5. S. 239-246. Hogrefe.

Scheiner, J. (2005): Auswirkungen der Stadt- und Umlandwanderung auf Motorisierung und Verkehrsmittelnutzung. Verkehrsforschung online, 2005 (1).

Scheiner, J. (2006): Housing mobility and travel behaviour: A process-oriented approach to spatial mobility. Journal of Transport Geographie.

Scheiner, J. (2007): Mobility Biographies: Elements of a biographical theory of travel demand. Erdkunde, 61 (2).

Schlich, R. (2004): Verhaltenshomogene Gruppen in Längsschnitterhebungen. Dissertation am Institut für Verkehrsplanung und Transportsysteme der ETH Zürich. Zürich.

Schmiedel, R. (1984): Bestimmung verhaltensähnlicher Personenkreise für die Verkehrsplanung. Institut für Städtebau und Landesplanung. Karlsruhe.

Schulz, E. (2007): Bevölkerungsentwicklung in Deutschland bis 2050: Nur leichter Rückgang der Einwohnerzahl? 47/2007 . Berlin.

Shell (2004): Flexibilität bestimmt Motorisierung. Szenarien des Pkw-Bestands und der Neuzulassungen in Deutschland bis zum Jahr 2030.

Sinn, H. W. (2003): Der kranke Mann Europas: Diagnose und Therapie eines Kathedersozialisten. ifo. München.

Sommer, C. (2005a): Gehen dem ÖPNV die Fahrgäste aus? Der Nahverkehr, 2005 (5) , S. 8-11.

Sommer, C. (2005b): ÖPNV in einer alternden Gesellschaft. Der Nahverkehr, 2005 (4) , S. 14-19.

Statistisches Bundesamt (2008). Mikrozensus. Wiesbaden.

Statistisches Bundesamt (2006a): Leben in Deutschland. Haushalte, Familien und Gesundheit - Ergebnisse des Mikrozensus 2005.

Statistisches Bundesamt (2007): Pflegestatistik 2005. In: Destatis. Wiesbaden.

Statistisches Bundesamt (2006b): Bevölkerung Deutschlands bis 2050 - 11. koordinierte Bevölkerungsvorausberechnung. Wiesbaden.

Stopher, P. (2000): Survey and sampling strategies. In: Hensher, D. und K. Button. Handbook of Transport Modelling. S. 229-251. Elsevier Science. Amsterdam, Lausanne, New York, Oxford, Shannon, Singapore, Tokyo.

Strambi, O., J.-P. Hubert, Y. Bussière, und K.-A. van de Bilt (2001): Automobile Patterns of Diffusion in Four Urban Areas. Transportation Research Record, 1719 .

Sydow, H. und W. Scholl (2002): Die Entwicklung im Jugendalter - der Lebensbereich Mobilität. In: Scholl, W. und H. Sydow. Mobilität im Jugend- und Erwachsenenalter. Waxmann. Münster.

Tacken, M. (1998): Mobility of the elderly in time and space in the Netherlands: An analysis of the Dutch National Travel Survey. Transportation, 25 , S. 379-393.

Topp, H. (2006): Demograpischer Wandel und Verkehr: Wirkungen und Konsequenzen. Internationales Verkehrswesen, 58 (3) , S. 85-91.

Topp, H. (2005): Trends, innovative Weichenstellungen und Hebel für Mobilität und Verkhrs- Von 2030 aus gesehen. Straßenverkehrstechnik, 12 (2005) , S. 605-609.

Topp, H. (1994): Weniger Verkehr bei gleicher Mobilität? Ansatz zur Reduktion des Verkehrsaufwands. Internationales Verkehrswesen, 46 (9) , S. 486-493.

Train, K. (2003): Discrete Choice Methods with Simulation. University Press. Cambridge.

Valleé, D. (2009): Handlungsfelder und -erfordernisse für die Regionalpülanung im Zeichen des demopgrafischen Wandels. Mobiles Leben. Institut für Verkehrswesen. Karlsruhe.

Varian, H. R. (1989): Grundzüge der Mikroökonomik. Oldenbourg. München.

Walker, J. (2001): Extended Discrete Choice Models: Integrated Framework, Flexible Error Structures, and Latent Variables. Department of Civil and Enviromental Engenieering, MIT, Cambridge.

Wittowsky, D. (2009): Dynamische Informationsdienste im ÖPNV - Nutzerakzeptanz und Modellierung. Schriftenreihe des Instituts für Verkehrswesen der Universität Karlsruhe, 68 (68/09), S. Institut für Verkehrswesen, Karlsruhe.

Wooldridge, J. M. (1999): Introductory Econometrics. South-Western College Publishing.

Zumkeller, D. (2003): Materialsammlung zur Vorlesung Verkehrsplanung. Institut für Verkehrswesen. Karlsruhe.

Zumkeller, D. (2009): Dynamik des Wandels – 15 Jahre Deutsches Mobilitätspanel. Festschrift zur Tagung Verkehrsplanung, Straßenentwurf und Verkehrsmanagement - 100 Jahre Max-Erich Feuchtinger und Bruno Wehner (in Vorbereitung). FGSV.

Zumkeller, D., B. Chlond, P. Ottmann, M. Kagerbauer, und T. Kuhnimhof (2008): Panelauswertung 2007. Datenaufbereitung, Plausibilisierung und Auswertungen zu den Erhebungen zur Alltagsmobilität 2007/09 sowie zu Fahrleistungen und Treibstoffverbräuchen 2008/10 für das Mobilitätspanel. Institut für Verkehrswesen, Universität Karlsruhe. www.mobilitaetspanel.de, 9.9.2009.

Zumkeller, D. und P. Ottmann (2009): Moving from Cross-Sectional to Continuous Surveys. 8th International Conference on Survey Methods in Transport, Annecy.

Zumkeller, D., B. Chlond, T. Kuhnimhof, und P. Ottmann (2005): Panelauswertung 2004. Datenaufbereitung, Plausibilisierung, erste Auswertungen zu den Erhebungen zur Alltagsmobilität 2004/06 sowie zu den Fahrleistungen und Treibstoffverbräuchen 2005/07 für das Mobilitätspanel. Zwischenbericht. Institut für Verkehrswesen, Universität Karlsruhe. www.mobilitaetspanel.de, 9.9.2009.

Zumkeller, D., B. Chlond, P. Ottmann, T. Kuhnimhof, und M. Kagerbauer (2006): Panelauswertung 2005. Datenaufbereitung, Plausibilisierung, erste Auswertungen zu den Erhebungen zur Alltagsmobilität 2004/06 sowie zu Fahrleistungen und Treibstoffverbräuchen 2005/07 für das Mobilitätspanel. Institut für Verkehrswesen, Universität Karlsruhe. www.mobilitaetspanel.de, 9.9.2009.

Schriftenreihe des Instituts für Verkehrswesen (ISSN 0341-5503)

Herausgeber: Prof. Dr.-Ing. Peter Vortisch

Ab Band 69 erscheint die Reihe bei KIT Scientific Publishing. Die Bände sind unter www.ksp.kit.edu als PDF frei verfügbar oder als Druckausgabe bestellbar.

Heft 69 – Ottmann, P. (2010)
Abbildung demographischer Prozesse in Verkehrsentstehungsmodellen mit Hilfe von Längsschnittdaten
ISBN 978-3-86644-555-0

Die Hefte 1 bis 68 der Schriftenreihe können über das Institut für Verkehrswesen zum Preis von 11,00 Euro sowie über den Buchhandel bestellt werden. Mit * gekennzeichnete Hefte sind leider vergriffen.

Heft 68 – Wittowsky, D. (2009)
Dynamische Informationen im ÖPNV – Nutzerakzeptanz und Modellierung

Heft 67 – Geweke, St. (2009)
Wirksamkeit von Verkehrsinformationen und belastungsabhängigen Preisen zur Nutzung von Kapazitätsreserven im Straßennetz

Heft 66 – Kuhnimhof, T. (2007)
Längsschnittmodellierung der Verkehrsnachfrage zur Abbildung multimodalen Verhaltens

Heft 65 – Last, J. (2006)
Barrieren und Potenziale intermodaler Angebotskonzepte im Personenfernverkehr

Heft 64 – Vortisch, P. (2006)
Modellunterstützte Messwertpropagierung zur Verkehrslageschätzung in Stadtstraßennetzen

Heft 63 – Heine-Nims, T. (2006)
Einbeziehung kurzfristiger Verhaltensänderungen bei der Modellierung der Verkehrsnachfrage

Heft 62 – Manz, W. (2005)
Mikroskopische längsschnittorientierte Abbildung des Personenverkehrs

Heft 61 – Eberhard, O. (2005)
Wirkungsanalyse individuell-dynamischer Zielführungssysteme im Straßenverkehr

Heft 60 - Waßmuth, V. (2002)
Modellierung der Wirkungen verkehrsreduzierender Siedlungskonzepte

Heft 59 - Oketch, T. (2001)
A Model for Heterogeneous Traffic Containing Non-Motorised Vehicles

Heft 58* - Lipps, O. (2001)
Modellierung der individuellen Verhaltensvariationen bei der Verkehrsentstehung

Heft 57 - Lee, S. (1999)
Wechselwirkungen zwischen Verkehr und Telekommunikation in einer asiatischen Stadtumgebung

Heft 56 - Kickner, S. (1998)
Kognition, Einstellung und Verhalten – Eine Untersuchung des individuellen Verkehrsverhaltens in Karlsruhe

Heft 55 - Chlond, B. (1996)
Zeitverwendung und Verkehrsgeschehen – Zur Abschätzung des Verkehrsumfangs bei Änderungen der Freizeitdauer

Heft 54 - Schwarzmann, R. (1995)
Der Einfluß von Nutzerinformationssystemen auf die Verkehrsnachfrage

Heft 53 - Reiter, U. (1994)
Simulation des Verkehrsablaufs mit individuellen Fahrbeeinflussungssystemen

Heft 52 - Nickel, F. (1994)
Stationsmanagement von Luftverkehrsgesellschaften - Eine systemanalytische Betrachtung und empirische Untersuchung der Stationsmanagement-Systeme internationaler Luftverkehrsgesellschaften

Heft 51 - Rekersbrink, A. (1994)
Verkehrsflußsimulation mit Hilfe der Fuzzy-Logic und einem Konzept potentieller Kollisionszeiten

Heft 50 - Höfler, F. (1994)
Leistungsfähigkeit von Ortsdurchfahrten bei unterschiedlichen Geschwindigkeitsbeschränkungen - untersucht mit Hilfe der Simulation

Heft 49 - Liu, Y. (1994)
Eine auf FUZZY basierende Methode zur mehrdimensionalen Beurteilung der Straßenverkehrssicherheit

Heft 48 (1992)
30 JAHRE INSTITUT FÜR VERKEHRSWESEN

Heft 47 - Grigo, R. (1992)
Zur Addition spektraler Anteile des Verkehrslärms

Heft 46 - Hsu, T.P. (1991)
Optimierung der Detektorlage bei verkehrsabhängiger Lichtsignalsteuerung

Heft 45 - Schnittger, St. (1991)
Einfluß von Sicherheitsanforderungen auf die Leistungsfähigkeit von Schnellstraßen

Heft 44 - Zoellmer, J. (1991)
Ein Planungsverfahren für den ÖPNV in der Fläche

Heft 43 - Aly, M.S. (1989)
Headway Distribution Model and Interrelationship between Headway and Fundamental Traffic Flow Characteristics

Heft 42 - Heidemann, D. (1989)
Ein mathematisches Modell des Verkehrsflusses

Heft 41 - Becker, U. (1989)
Beobachtung des Straßenverkehrs vom Flugzeug aus: Eigenschaften, Berechnung und Verwendung von Verkehrsgrößen

Heft 40 - Axhausen, K. (1989)
Eine ereignisorientierte Simulation von Aktivitätenketten zur Parkstandswahl

Heft 39 - Maier, W. (1988)
Bemessungsverfahren für Befragungszählstellen mit Hilfe eines Warteschlangenmodells

Heft 38 - Bleher, W.G. (1987)
Messung des Verkehrsablaufs aus einem fahrenden Fahrzeug – Beurteilung der statistischen Genauigkeit mittels Simulation

Heft 37* - Möller, K. (1986)
Signalgruppenorientiertes Modell zur Optimierung von Festzeitprogrammen an Einzelknotenpunkten

Heft 36* (1987)
25 JAHRE INSTITUT FÜR VERKEHRSWESEN

Heft 35 - Gipps, P.G. (1986)
Simulation of Pedestrian Traffic in Buildings

Heft 34 - Young, W. (1985)
Modelling the Circulation of Parking Vehicles - A Feasibility Study

Heft 33 - Stucke, G. (1985)
Bestimmung der städtischen Fahrtenmatrix durch Verkehrszählungen

Heft 32 - Benz, Th. (1985)
Mikroskopische Simulation von Energieverbrauch und Abgasemission im Straßenverkehr (MISEVA)

Heft 31* - Baass, K. (1985)
Ermittlung eines optimalen Grünbandes auf Hauptverkehrsstraßen

Heft 30 - Bosserhoff, D. (1985)
Statistische Verfahren zur Ermittlung von Quelle-Ziel-Matrizen im Öffentlichen Personennahverkehr - Ein Vergleich

Heft 29 - Haas, M. (1985)
LAERM - Mikroskopisches Modell zur Berechnung des Straßenverkehrslärms

Heft 28 - May, A.D. (1984)
Traffic Management Research at the University of California

Heft 27* - Mott, P. (1984)
Signalsteuerungsverfahren zur Priorisierung des Öffentlichen Personennahverkehrs

Heft 26* - Hubschneider, H. (1983)
Mikroskopisches Simulationssystem für Individualverkehr und Öffentlichen Personennahverkehr

Heft 25* (1982)
20 JAHRE INSTITUT FÜR VERKEHRSWESEN - Ein Institut stellt sich vor

Heft 24* - Leutzbach, W. (1982)
Verkehr auf Binnenwasserstraßen

Heft 23* - Jahnke, C.-D. (1982)
Kolonnenverhalten von Fahrzeugen mit autarken Abstandswarnsystemen

Heft 22* - Adolph, U.-M. (1981)
Systemsimulation des Güterschwerverkehrs auf Straßen

Heft 21* - Allsop, R.E. (1980)
Festzeitsteuerung von Lichtsignalanlagen

Heft 20* - Sparmann, U. (1980)
ORIENT - Ein verhaltensorientiertes Simulationsmodell zur Verkehrsprognose

Heft 19* - Willmann, G. (1978)
Zustandsformen des Verkehrsablaufs auf Autobahnen

Heft 18* - Handschmann, W. (1978)
Sicherheit und Leistungsfähigkeit städtischer Straßenkreuzungen unter dem Aspekt der Informationsverarbeitung des Kraftfahrzeugführers

Heft 17* - Zahn, E.M. (1978)
Berechnung gesamtkostenminimaler außerbetrieblicher Transportnetze

Heft 16* - Sahling, B.-M. (1977)
Verkehrsablauf in Netzen - ein graphentheoretisches Optimierungsverfahren

Heft 15 - Laubert, W. (1977)
Betriebsablauf und Leistungsfähigkeit von Kleinkabinenbahnstationen

Heft 14* - Bahm, G. (1977)
Kabinengröße und Betriebsablauf neuer Nahverkehrssysteme

Heft 13* - Haenicke, W. (1977)
Der Einfluß von Verflechtungen in einem bedarfsorientierten Nahverkehrssystem auf die Reisegeschwindigkeit

Heft 12 - Koffler, Th. (1977)
Vorausschätzung des Verkehrsablaufs über den Weg

Heft 11 - Pape, P. (1976)
Weglängen-Reduzierung in Fluggast-Empfangsanlagen durch flexible Vorfeldpositionierung

Heft 10 - Thomas, W. (1974)
Sensitivitätsanalyse eines Verkehrsplanungsmodells

Heft 9* - Köhler, U. (1974)
Stabilität von Fahrzeugkolonnen

Heft 8* - Wiedemann, R. (1974)
Simulation des Straßenverkehrsflusses

Heft 7* - Bey, I. (1972)
Simulationstechnische Analyse der Luftfrachtabfertigung

Heft 6* (1972)
10 JAHRE INSTITUT FÜR VERKEHRSWESEN

Heft 5 - Droste, M. (1971)
Stochastische Methoden der Erfassung und Beschreibung des ruhenden Verkehrs

Heft 4* - Böttger, R. (1970)
Die numerische Behandlung des Verkehrsablaufs an signalgesteuerten Straßenkreuzungen

Heft 3* - Koehler, R. (1968)
Verkehrsablauf auf Binnenwasserstraßen - Untersuchungen zur Leistungsfähigkeitsberechnung und Reisezeitverkürzung

Heft 2* - Stoffers, K.E. (1968)
Berechnung von optimalen Signalzeitenplänen

Heft 1* - Baron, P.S. (1967)
Weglängen als Kriterium zur Beurteilung von Fluggast-Empfangsanlagen

Sonderdruck 1/96 – Leutzbach, W.
Institutsgeschichte 1962 - 1991

Sonderdruck 2/96
ÖPNV in Mittelstädten – Dokumentation eines Fachgesprächs mit Planungshinweisen

Sonderdruck 3/03
80 Jahre Wilhelm Leutzbach – Vorträge zur Festveranstaltung am 14. November 2002.